Der Verbrennungsvorgang im Gas- und Vergaser-Motor

Versuch einer rechnerischen Erfassung der einzelnen Einflüsse und ihres Zusammenwirkens

von

Dr.-Ing. Wilhelm Endres

Mit 29 Textabbildungen

Berlin
Verlag von Julius Springer
1928

ISBN-13: 978-3-642-89652-1 e-ISBN-13: 978-3-642-91509-3
DOI: 10.1007/978-3-642-91509-3

Vorwort.

Die erste Anregung zur Beschäftigung mit dem Verbrennungsvorgang im Motor hat der Verfasser gelegentlich von Versuchen an Glühkopfmotoren in den Jahren 1923 und 1924, den ersten Jahren seiner praktischen beruflichen Tätigkeit, erhalten. Die sich hieran anschließenden theoretischen Betrachtungen haben sehr bald von dem verwickelten Gebiet der Einspritzmotoren ab- und zum klareren Gebiet der Gas- und Vergasermotoren hingeführt. Als diese die Verbrennungsausbreitung unter dem Einfluß der Wärmeleitung betreffenden Gedanken festere Form angenommen hatten, zeigte es sich als logische Notwendigkeit, noch ein zweites Gebiet in den Bereich der Betrachtungen einzubeziehen; dieses umfaßt die Wirkungen, die während des Verbrennungsvorgangs das Ausdehnungsbestreben des bereits verbrannten Gemischteils auf die Lage der einzelnen Gasteilchen ausübt.

Dem Verfasser hat bei seiner Arbeit von vornherein die Absicht vorgeschwebt, die Untersuchungen bis zu dem Punkt zu treiben, von dem aus sich ein gewisser quantitativer Überblick über die Verbrennungsvorgänge im laufenden Motor bietet. Nicht nur, daß erst auf dieser Stufe der Erkenntnis ein ungefährer Vergleich zwischen dem Ergebnis der theoretischen Schlußfolgerungen und der experimentellen Erfahrung, und damit die Nachprüfung der ersteren, möglich wird; vor allem hat auch den Verfasser die Beobachtung geleitet, daß man sich in der Tätigkeit des Ingenieurs einen technischen Vorgang erst dann anschaulich vorstellen kann, wenn man das Wirken der einzelnen zusammengreifenden Einflüsse, wenigstens ungefähr, auch der Größe nach kennt. In diesem Sinne bittet der Verfasser auch die in Teil III durchgeführte Durchrechnung praktischer Beispiele verstehen zu wollen; es sollen keine präzisen Rechnungen sein — die Quellen für vorhandene Ungenauigkeiten und Unsicherheiten sind in Teil I und II an verschiedenen Orten aufgeführt — sondern ziemlich grobe zahlenmäßige Betrachtungen, die aber doch zeigen sollen, aus welchen Einzeleinflüssen sich der Vorgang der Verbrennung zusammensetzt.

Der Verfasser hätte manche Abschnitte gerne noch ausführlicher und tiefergreifend behandelt. Wenn er das unterlassen mußte, so erklärt sich das aus den äußeren Umständen. Die Arbeit ist entstanden neben der beruflichen Tätigkeit des Verfassers, die auf dem Gebiet des Versuchswesens im Dieselmotorenbau liegt. Es war schwer und zwischenhinein für Wochen unmöglich, neben anstrengender beruflicher Tätigkeit noch zu Hause die Arbeitskraft und Sammlung zur Behandlung theoretischer Fragen zu finden. Diese Umstände zwangen zur Beschränkung des Umfangs des behandelten Stoffs.

Der Verlagsbuchhandlung bin ich für die gute Ausstattung des Buches zu Dank verpflichtet.

Augsburg, im September 1928.

W. Endres.

Inhaltsverzeichnis.

Einleitung.

1. Die Verbrennungsausbreitung als Ausbreitung einer Gleichgewichtsstörung.

Die Vorgänge, die sich im Innern des Zylinders eines Verbrennungsmotors während der Verbrennung abspielen, haben schon seit dem ersten Auftreten dieser Maschinengattung die Fachwelt immer wieder beschäftigt; ein sehr erhebliches Maß von Gedanken- und Versuchsarbeit ist auf dieses Wissensgebiet verwendet worden. Aber trotz des Vorhandenseins dieser Arbeiten ist es heute noch immer schwer, ja vielfach unmöglich, sich ein wirklich anschauliches Bild davon zu machen, was eigentlich in einem bestimmten Fall im Innern des Zylinders vor sich geht; der Grund dafür — der auch immer wieder in der einschlägigen Literatur als Grund aufgeführt wird — ist der, daß es sehr viele Einflüsse sind, die den Ablauf des Verbrennungsvorgangs bestimmen, wie z. B. die chemischen Eigenschaften des Brennstoffs, der Verdichtungsgrad, die Gestalt des Verbrennungsraums, usw. Es ist selbst dann, wenn man über den Einfluß einer dieser Eigenschaften auf die Verbrennung einigermaßen unterrichtet ist, immer noch eine große Schwierigkeit, das Zusammenwirken dieser Einflüsse zu erfassen. Wenn im folgenden eine solche Schätzung dieses Zusammenwirkens versucht werden wird, so soll zunächst die Arbeit dadurch vereinfacht werden, daß nur eine bestimmte Gattung von Verbrennungsmotoren behandelt werden wird, nämlich Gas- und Vergasermotoren. Das gemeinsame Kennzeichen dieser Motoren ist, daß im Verbrennungsraum, bevor die Verbrennung beginnt, ein verbrennbares, homogenes, mechanisch verwirbeltes Gasgemisch vorhanden ist, das dann, meist durch einen elektrischen Funken, an einer (oder mehreren) bestimmten Stelle gezündet wird. Außerhalb des Rahmens der Betrachtung bleiben dagegen alle Motoren mit Brennstoffeinspritzung in der Nähe des oberen Totpunkts oder während des Verdichtungshubs, also Diesel-, Glühkopf- und Vorkammermotoren.

Was bei einem Gas- oder Vergasermotor, der sich im ordnungsgemäßen Betrieb befindet, gewissermaßen die Grundform ist, in der sich der Verbrennungsvorgang abspielt, ist nach der beinahe einmütigen Darstellung in der Literatur der nachfolgende Vorgang: Zu Beginn werden gewisse Teilchen des brennbaren Gemischs durch den elektrischen Funken der Zündkerze auf so hohe Temperatur gebracht, daß sie dann als Folge ihrer chemischen Eigenschaften zu brennen beginnen. Diese übertragen einen Teil der entwickelten Wärme auf die ihnen gerade benachbarten Teilchen, die nach Erreichung einer gewissen Temperatur nun auch zu brennen anfangen; diese erhitzen wieder andere Teilchen, und so pflanzt sich die Verbrennung in den Raum hinein fort. Vom energetischen Standpunkt aus gesehen ist der Vorgang der, daß vor der Entzündung jedes Brennstoffteilchen eine gewisse latente (chemische) Energie enthält. Diese kann nur dadurch frei gemacht werden, daß dem Teilchen zunächst von fremder Quelle noch mehr Energie (in bestimmter Energieform, nämlich Wärmeenergie) zugeführt wird. Dabei hat in ihrem ersten Beginn die Zufuhr dieser fremden Energie zwar noch keinen Einfluß, indem eben unterhalb einer gewissen Grenze der Energiezufuhr die dem Teilchen eigene Energie noch latent bleibt, dieses also sich in seinem bisherigen, hinsichtlich der Energieverhältnisse stabilen Zustand erhält; erst wenn die Energiezufuhr eine gewisse Grenze erreicht hat, so gerät das Teilchen in einen (Temperatur-)Zustand, in dem die latente Energieform nicht mehr möglich ist; es kommt zu einer Störung des bisherigen energetischen Zustands, indem die Energie sich aus der bisherigen Form (chemische Energie) in eine andere (Wärmeenergie) verwandelt. Der neue Zustand nach erfolgter Verbrennung ist dann wieder stabil.

Es handelt sich also hier um ein System, das sich aus einzelnen Teilen zusammensetzt, deren jeder sich in einem an sich stabilen Gleichgewichtszustand befindet, aber doch bei einem Anstoß von einer gewissen Mindestgröße seine Stabilität verliert, um in einen anderen Gleichgewichtszustand überzugehen. Dabei besteht zwischen den einzelnen Teilen eine gegenseitige Beeinflussung derart, daß die Auslösung der Gleichgewichtsstörung bei einem Teilchen genügt, um auch nacheinander die anderen auszulösen. Allgemein sind solche Systeme in der verschiedensten physikalischen Form möglich. Anschaulichkeitshalber sei ein in Abb. 1 abgebildetes mechanisches System dieser Art besprochen.

Die Kugeln K liegen jede auf einer Erhöhung, und infolge dieser Lage ist in jeder von ihnen eine gewisse latente Energie, die der Fallhöhe h entspricht, aufgespeichert. In dieser Lage sind die Kugeln am Abrollen nach rechts (ein Abrollen nach links möge nicht in Betracht kommen) durch eine ihnen vorgelagerte kleine Erhöhung behindert. Die Kugeln sollen untereinander durch elastische Schnüre S verbunden sein. Um eine derartig gelagerte Kugel zum Abrollen zu bringen, um also ihre Energie der Höhenlage auslösen zu können, ist es notwendig, daß man

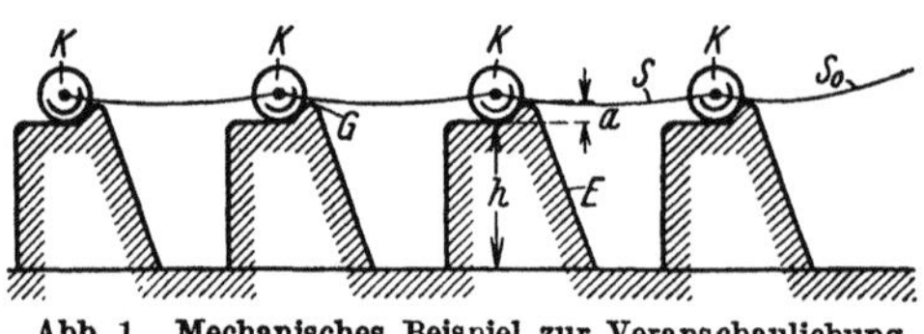

Abb. 1. Mechanisches Beispiel zur Veranschaulichung der Stabilitätsverhältnisse beim Verbrennungsvorgang.

sie erst noch ein wenig anhebt, nämlich auf den Punkt G. Hat man ein System, das aus einer Reihe von untereinander verbundenen Kugeln besteht wie in der Abbildung, so genügt es im allgemeinen, die erste dieser Kugeln unter Energiezufuhr von außen, d. h. durch Ziehen an der Schnur S_0, auf den Punkt G und ein weniges über diesen hinaus zu bewegen. Dann rollt die erste Kugel die schiefe Ebene E hinab und durch die sich anspannende elastische Schnur wird ein kleiner Teil der dabei sich entwickelnden mechanischen Energie auf die zweite Kugel übertragen. Diese rollt infolgedessen nun auch bergauf zum Punkt G, kommt dort ins Abwärtsrollen, zieht dadurch die dritte Kugel von ihren Ruheplatz weg und so pflanzt sich die Auslösung der latenten Energie durch das ganze System hindurch fort.

Derartige Vergleiche eines thermischen und chemischen Vorgangs mit einem mechanischen darf man natürlich nicht zu weit zu führen suchen. Aber immerhin läßt sich im Beispiel erkennen, daß bei dem Auslösungsvorgang u. a. folgende Größen eine große Rolle spielen:

Die eine davon ist die Höhe a; ist diese groß, so kann man den Zustand des Systems, so wie er vor Beginn des Auslösungsvorgangs ist, als hochgradig stabil bezeichnen; denn um eine Kugel auszulösen, benötigt man dann eine relativ erhebliche Arbeit. Das hat hinsichtlich der ersten Kugel die Folge, daß die fremde Energie, die durch Ziehen an der Schnur S_0 das erste Teilchen auslöst, eine gewisse Mindeststärke aufweisen muß, da sonst die Auslösung überhaupt nicht gelingt. Aber auch hinsichtlich der weiteren Kugeln ist es klar, daß der ganze Auslösungsvorgang bei einem hochgradig stabilen System sich langsamer fortpflanzen wird als bei einem anderen, bei dem die Höhen a gering sind, bei dem also der Gleichgewichtszustand der Kugel als wenig stabil, sich der Labilität nähernd zu bezeichnen ist. Übertragen auf den Auslösungsvorgang im Verbrennungsraum entspricht das System mit geringer Höhe a einem Zustand des Gases, das (z. B. durch das Mittel einer entsprechend hohen Verdichtung) bis nahe an die Zündtemperatur erwärmt worden ist, während eine große Höhe a dem Fall entspricht, daß dasselbe Gas in seiner Temperatur noch tief unter der Zündtemperatur gelegen ist. Die langsamere Verbrennung im zweiten Fall tritt in Wirklichkeit — überdeckt von zahlreichen Nebeneinflüssen — auch im allgemeinen ein.

Weiter ist klar, daß der gegenseitige Abstand der einzelnen Erhöhungen von Einfluß auf die lineare Geschwindigkeit der Fortpflanzung des Auslösungsvorgangs sein muß; diese Beziehung sei aber hier am mechanischen Beispiel quantitativ nicht weiter verfolgt.

Eine andere Größe, die von Wichtigkeit ist, ist die Elastizität der die Kugeln verbindenden Schnüre. Sind die Schnüre sehr dehnbar, so wird immer eine vordere Kugel ziemlich weit bergab gerollt sein müssen, bis sich die von ihr gezogene Schnur so weit gespannt hat, daß die nachfolgende Kugel genügend gezogen wird, um auf die Erhebung G hinaufzurollen. Die Wiederholung dieses Vorgangs bei jeder Kugel bedeutet langsame Fortpflanzung der Auslösung im ganzen System. Sind umgekehrt die Schnüre wenig dehnbar, so wird eine geringe Bewegung der ersten Kugel schon die nachfolgende Kugel zwingen, sich in Bewegung zu setzen; das bedeutet rasche Fortpflanzung. Der erstere Fall entspricht schlechten, der zweite guten Wärmeübertragungsverhältnissen zwischen den einzelnen Teilchen des Gases. Im allgemeinen breitet sich auch bei einer wenig turbulenten und daher schlecht wärmeleitenden Gasladung in einem Motor die Verbrennung langsamer aus, wie bei einer stark verwirbelten und daher gut wärmeleitenden.

I. Die Ausbreitung der Verbrennung durch Wärmeleitung.

2. Ausbreitung der Verbrennung im unverwirbelten und im verwirbelten Gemisch.

Die Ausbreitung der Verbrennung im unverwirbelten Gemisch. Vorkommende Strömungsgeschwindigkeiten im verwirbelten Verbrennungsraum eines Motors. Wirkung der Wirbelung auf die Ausbreitungsform der Verbrennung.

Die im vorigen Kapitel als Grundform des Verbrennungsvorgangs bezeichnete Erscheinung, daß immer ein entzündetes Teilchen ein Nachbarteilchen so lange erhitzt, bis dieses auch zu brennen beginnt, kann sehr verschiedene und auf den ersten Blick kaum zu übersehende Arten der Gesamtausbreitung der Verbrennung über den Verbrennungsraum zur Folge haben. Experimentell noch sicher und einfach zu beobachten ist der Verbrennungsvorgang in gläsernen Röhren, ein Versuch, der z. B. von Mallard und Le Chatelier[1] ausgeführt worden ist. Hierbei zeigt sich, daß tatsächlich eine Flammenzone von dem offenen Ende der Röhre, an dem gezündet wurde, durch die Röhre vorwärts wandert; wenn nicht gewisse sekundäre Störungserscheinungen auftreten, wandert die Zündung mit ganz am Anfang etwas steigender, sehr bald danach aber ziemlich gleichbleibender Geschwindigkeit fort; die Geschwindigkeit selbst ist von der Größenordnung von einigen Metern pro Sekunde. Hier ist kaum eine andere Deutung möglich und eine gegenteilige nach den Wissen des Verfassers auch nicht gegeben worden als die, daß eben immer eine brennende Schicht die räumlich an sie angrenzende erwärmt, bis auch sie brennt usw. Allerdings liegen in einer relativ engen Glasröhre auch die Verhältnisse insofern einfach, als das Gas im noch unverbrannten Teil ziemlich ruhig steht (die eben genannten Fälle mit sekundären Erscheinungen ausgenommen); erstens, weil es vor der Zündung keine Ursache hatte sich heftig zu bewegen, und weil es selbst dann, wenn es hierzu einen Anstoß erhalten sollte, wegen der hindernden Wände der langen ziemlich engen Röhre nicht gut beliebig durcheinander wirbeln kann (die ihm mögliche und in manchen Fällen auch eingetretene Bewegung von Longitudinalschwingungen gehört zu den genannten sekundären Erscheinungen). Würde man in einer Versuchsbombe mit wirklich ruhendem Gasinhalt an einer bestimmten Stelle in der Mitte zünden, so würde zweifellos diese Fortpflanzung von Schicht zu Schicht geradeso eintreten und zwar würden die Schichten hier die Gestalt von Kugelschalen haben, weil die Verbrennung sich nach allen Seiten gleich schnell ausbreitet. Hierbei ist es natürlich eine andere Frage, ob es versuchsmäßig überhaupt möglich ist, die Luft in einer Bombe der üblichen Abmessung genügend in Ruhe zu halten. Mag die Frage, ob die Luft ruhig oder verwirbelt ist,

[1] Recherches expérimentales et théoriques sur la combustion des mélanges gazeux explosifs. Annales des Mines 1883.

in einer Bombe fraglich sein: beim laufenden Motor ist sicher, daß die Luft sich in unregelmäßiger Wirbelbewegung befindet, und es muß daher zunächst ganz unsicher erscheinen, ob die Fortpflanzung der Verbrennung im Motor einen ähnlichen Charakter aufweist wie in relativ engen gläsernen Röhren.

Vor Behandlung dieser Frage sei eine Betrachtung darüber eingeschaltet, wie groß denn die Geschwindigkeit der Teilchen des Gemischs bei der Wirbelbewegung im Motor einzuschätzen ist. Einen gewissen Anhalt zu deren Feststellung geben Versuche, die man an kompressorlosen Dieselmotoren angestellt hat, bei denen man absichtlich eine Drehung des Luftinhalts des Zylinders um die Zylinderachse erzeugt hat, um die Verbrennung des eingespritzten Gasöls zu erleichtern[1]. Hierbei wurden an den sich am raschesten bewegenden Teilen des sich drehenden Luftkörpers Geschwindigkeiten bis zu 20 m/sek gemessen. Zur Erzeugung dieser Luftbewegung verwendet man bekanntlich einen Ablenkschirm am Einsaugventil, der beim Saughub der eintretenden Luft eine tangentiale Bewegung verleiht. Es ist die Frage, wie groß denn eigentlich die Geschwindigkeit der Luftbewegung bleibt, wenn dieser Schirm fortgelassen wird, also an einer normalen Viertaktmaschine. Zweifellos bleibt auch dann vom Einsaugvorgang her, bei dem die Luft mit etwa 50 m/sek mittlere Geschwindigkeit in den Zylinder hineinströmt, noch eine erhebliche Unruhe der Luft bis zum obern Totpunkt hin erhalten. Bei Benzinmotoren merkt man z. B. dies schon daran, daß bei Motoren mit hohen Geschwindigkeiten im Einsaugventil die Verbrennung infolge von stärkerer Verwirbelung des Gemischs lebhafter ist wie bei solchen mit niederer Einsauggeschwindigkeit[2]. Aber auf der anderen Seite ist zu erwarten, daß dabei die Geschwindigkeiten im oberen Totpunkt doch sehr viel geringer sind wie bei einer reinen Drehbewegung. Denn eine Drehbewegung um die Achse ist die einzige regelmäßige Luftbewegung, die in einem zylindrischen Raum, der im späteren Verlauf der Kompression ziemlich nieder wird, einigermaßen ungestört verlaufen kann, und einmal erzeugt wird eine solche Bewegung sich einige Zeit erhalten können. Bläst man dagegen dnrch ein Ventil ohne Schirm, das dazu nicht zentrisch im Zylinderdeckel sitzt, in den Zylinder Luft hinein, so gibt das eine regellose Verwirbelung, deren Kraft sich naturgemäß sehr viel schneller durch innere Reibung verzehrt wie eine reine Drehbewegung. Dazu kommt noch, daß durch Fortlassen des Schirms der freie Einströmquerschnitt des Ventils sich vergrößert, und daher die Lufteintrittsgeschwindigkeit, also die Ursache die Wirbelbewegung, sich gegenüber der mit Schirm verkleinert, was bei den genannten von Hintz veröffentlichten Versuchen die Wirkung gehabt hätte, daß bei Fortlassen des Schirms man von vornherein etwa nur 50—75% der mit Schirm vorhandenen Eintrittsgeschwindigkeit erhalten hätte. So muß man zu dem Schluß kommen, daß bei normalen Motoren mit nicht allzu großen Zylindern von der Wirbelbewegung, in die der Zylinderinhalt während des

[1] Z. B. Hintz: Mittel und Wege zur Beeinflussung der Verbrennung beim Strahlzerstäubungsverfahren. Z. d. V. D. I. 1925, S. 673.

[2] Ricardo: Schnellaufende Verbrennungsmaschinen. Deutsche Ausgabe, S. 79.

Saughubs zweifellos gerät, bis zur Erreichung des oberen Totpunkts nur mäßig viel übrigbleibt; bedenkt man, daß bei reiner Drehbewegung eine Geschwindigkeit von 20 m/sek die größte war, die vorkam, daß ferner schon das Fehlen des Schirms die Geschwindigkeiten auf 50—75% vermindert, daß endlich und hauptsächlich eine starke Dämpfung der regellosen Luftbewegung während des Kompressionshubs stattfindet, so kann man in grober Schätzung der Größenordnung vielleicht sagen, daß die Geschwindigkeit der Teilchen im oberen Totpunkt etwa noch 5—6 m/sek an den am raschesten sich bewegenden Stellen, im Durchschnitt wohl noch weniger betragen wird.

Diese Schätzung wird auch gestützt durch zwei Beobachtungen, die der Verfasser bei seiner Versuchstätigkeit machen konnte. Die eine bezieht sich auf einen nach dem Prinzip des kompressorlosen Dieselmotors arbeitenden Motor für Lastkraftwagen usw., der in seinem Aufbau und in der Drehzahl (1000—1200 Umdr./min.) sehr ähnlich einem Benzinmotor gleicher Bestimmung gehalten ist. Bei kompressorlosen Motoren mit Strahlzerstäubung sieht man erfahrungsgemäß den Wirbelzustand der Luft im Zylinder ziemlich deutlich aus den Verbrennungsspuren der Brennstoffstrahlen auf dem Kolben. Die Spur ist in der Richtung der Luftbewegung verweht, und Drehbewegungen des Luftinhalts von etwa 8—10 m/sek Geschwindigkeit sind erfahrungsgemäß noch vollkommen deutlich erkennbar; siehe z. B. die Abbildungen von Kolbenböden in der genannten Veröffentlichung von Hintz. Nun zeigen sich bei dem genannten Motor, wenn man normale Einsaugventile verwendet, durchaus scharfe Verbrennungsbilder auf den Kolben, ein sicheres Zeichen dafür, daß die Bewegung der Luft im Zylinder nur eine geringfügige sein kann. Die zweite Beobachtung wurde an einem Zweitaktdieselmotor von 480 mm Zylinderdurchmesser und 720 mm Kolbenhub bei $n = 120$ gemacht. Bei diesem Motor hatte man durch eine seitliche Öffnung des Zylinderdeckels eine kleine drehbare Blechfahne (ähnlich wie dies in der Veröffentlichung von Hintz beschrieben ist) ins Innere des Verbrennungsraums eingeführt, die man dort innerhalb gewisser Grenzen in verschiedene Stellungen hinstellen konnte; die Bewegungen der Fahne, die gegen den Widerstand einer Feder erfolgten, wurden durch eine kleine Welle nach außen übertragen und dort auf einer Papiertrommel aufgezeichnet. Dadurch, daß die Fahne und das vorderste Stück der Achse aus schwer verbrennbarem Stahl ausgeführt waren, konnte man die Luftbewegung im Verbrennungsraum des zündenden und normal belasteten Motors messen. Eine geeignete mechanische Ausführung des Apparats sorgte für genügend reibungsfreien Gang, so daß auch schwache Luftbewegungen registriert wurden. Eine einstellbare Ölbremse hielt allenfallsige Eigenschwingungen des Geräts fern. Damit wurde festgestellt, daß im oberen Totpunkt, kurz vor der Zündung, bei diesem Motor eine Luftbewegung im Verbrennungsraum vorhanden war, die als gänzlich regellos hinsichtlich ihrer Stärke und Richtung zu bezeichnen ist. Bei manchen Arbeitshüben zeigten sich überhaupt keine Bewegungen in Richtung senkrecht zur Fahne, bei anderen wieder eine solche von bis zu 5—6 m/sek Geschwindigkeit, bei den meisten Hüben eine solche, die zwischen diesen Extremen lag. Bei einer Zweitaktmaschine ist die beim Spülvorgang dem Zylinderinhalt mitgeteilte Bewegungsenergie wesentlich höher als die beim Viertaktmotor durch den Einsaugevorgang mitgeteilte (sie ist ungefähr sechsmal größer); daraus ist zu schließen, daß die Wirbelbewegung in der Nähe des oberen Totpunkts bei einer Viertaktmaschine sogar noch schwächer gewesen wäre. —

Hält man sich an die Vorstellung, daß im Verbrennungsraum zum Zeitpunkt der oberen Totlage des Kolbens eine zwar verwirbelte, aber doch nur eine mäßige Geschwindigkeit der Einzelteilchen aufweisende Gasmenge vorhanden ist, so kann man die Frage, welchen Einfluß dieser Zustand auf die Fortpflanzung der Verbrennung hat, in zwei Einzelfragen zerlegen. Die erste Frage bezieht sich auf die Gesamtverteilung des Gases bzw. des Gemischs im Zylinder während des Verbrennungsvorgangs, und läßt die Wirkungen vorderhand außer acht, welche die Verwirbelung in der engen Zone hat, in der gerade das noch unverbrannte Gemisch durch Wärmeübertragung von der berührenden bereits brennenden Schicht selbst zu brennen beginnt. Die Abb. 2 zeige z. B. schematisch den Zylinder eines Automobil-Benzinmotors, bei dem die Zündkerze seitlich angebracht ist. Würde das Gemisch im Verbrennungsraum vollkommen ruhen, so wäre nach dem an früherer Stelle Gesagten nicht einzusehen, warum nicht die Verbrennung regelmäßig in Kugelzonen fortschreiten sollte; zu einer bestimmten Zeit, z. B. τ sek nach der Zündung, ziemlich in der Mitte des ganzen Verbrennungsvorgangs, würde sie z. B. die Zone *a* erreicht haben. Ist es nun möglich, daß unter dem Einfluß der ursprünglich vorhandenen Gemischverwirbelung die ganze Gasmasse während der bisherigen Dauer des Verbrennungsvorgangs sich so verlagert, daß dann, wenn die Verbrennung die Zeit τ gedauert hat, die zur Zeit $\tau = 0$ in der Zone *a* liegenden Teilchen inzwischen etwa in die Zone *b* gewandert sind? Da der Fortpflanzungsvorgang der Verbrennung sich rein im Gas abspielt, und er dessen Bewegungen mitmacht, ohne sich gewissermaßen darum zu kümmern, ob das das Gas einschließende Gefäß eine Bewegung relativ zum Gas ausführt, so würde nun auch die gerade zur Zeit τ brennende Zone statt der Gestalt *a* die Gestalt *b* angenommen haben. Die Antwort darauf erhält man aus folgender überschlägiger Rechnung.

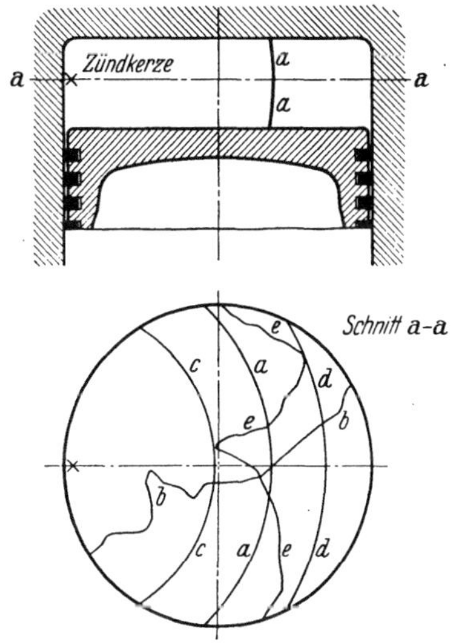

Abb. 2. Verlagerung des Zylinderinhalts infolge der Verwirbelung.

In einem Motor von der Art des genannten beträgt die Geschwindigkeit, mit der die Flammenfront vorwärts wandert, erfahrungsgemäß etwa 15 m/sek (s. z. B. Teil III, Beispiel 3, 4 und 5). Die Geschwindigkeit der Luftteilchen infolge der Wirbelbewegung beträgt nach den obigen Schätzungen etwa 2—6 m/sek, im Durchschnitt vielleicht 4 m/sek. In solchen Teilen des Verbrennungsraums, in denen der Sinn der Luftbewegung dauernd entgegen (bzw. gleich) dem Sinn der Verbrennungsausbreitung gerichtet ist, wird also die Ausbreitungsgeschwindigkeit von 15 m/sek auf $15 - 4 = 11$ m/sek (bzw. $15 + 4 = 19$ m/sek) verändert. Dem proportional werden auch die zurückgelegten Wege verändert. Zone *c* deutet an, welche Lage Teile der Flammenfront im Fall des Vorhandenseins einer rein entgegen, Zone *d*, welche Lage sie im Fall einer rein gleich dem Ausbreitungssinn gerichteten Bewegung des Gemischs haben könnten. Diese beiden extremen Fälle werden aber, wenn überhaupt, nur an wenigen Stellen des Verbrennungsraumes vorkommen; an den meisten Stellen wird sich ein Zwischenzustand einstellen, die Flammenfront daher zwischen den Grenzen *c* und *d* liegen, also vielleicht einen Verlauf vom Charakter der Kurve *e* aufweisen. Man sieht, daß eine so weitgehende Verlagerung, wie sie durch Zone *b* angedeutet wird, nicht vorkommen kann. Mit anderen Worten zeigt das Beispiel, daß die Verwirbelung des Gemischs, wie sie vom Ladevorgang her im Zylinder zum Zeitpunkt der Verbrennung noch vorhanden ist, sicher nicht etwa eine vollkommene Umordnung des ganzen Gasinhalts während der Verbrennung bewirken kann derart, daß überhaupt jede Regelmäßigkeit des Ausbreitungsvorgangs aufhört; dagegen ist es sehr wahrscheinlich, daß eine gewisse Verzerrung jener kugelförmigen Zonen eintritt, welche die Fortpflanzung der Verbrennung im ruhenden Gas kennzeichnet.

Eine Ausnahme von dieser Regel mag eintreten bei Motoren mit Verdrängerkolben, die künstlich eine besonders starke Wirbelung hervorbringen.

In Teil II wird gezeigt werden, daß ein anderer Umstand einen sehr starken Einfluß auf die Gesamtverteilung der Gasteilchen im Verbrennungsraum ausübt, nämlich die verdrängende Wirkung, die der bereits entflammte Teil des Gases auf den noch nicht entzündeten ausübt.

Die zweite Unterfrage bei der Betrachtung des Einflusses der Verwirbelung ist die, wie sich eine rasche Bewegung der Gasteilchen innerhalb der Zone auswirkt, in der gerade die Verbrennung vor sich geht. Hierüber siehe Kap. 4, Ziff. b.

3. Versuch einer mathematischen Erfassung des Wärmeübertragungsvorgangs.

Eine Kette brennbarer und nichtbrennbarer Gemischteilchen als Träger der Temperaturausbreitung. Wärmeleitung und Wärmestrahlung. Unverwendbarkeit der nächstliegenden Integrationsmethode. Methode der Quellpunkte. Gleichung der Temperaturverteilung, wie sie durch Verbrennung eines Teilchens entsteht. Einführung der Verbrennungsendtemperatur. Überlagerung der von mehreren brennenden Teilchen erzeugten Temperaturverteilungen. Einführung der Größe u. Übergang von der eindimensionalen zur dreidimensionalen Ausbreitung der Verbrennung.

Abb. 3 sei eine Darstellung eines langen, aber sehr schmalen (Breite dy) und dünnen (Dicke dz) Ausschnitts aus dem Verbrennungsraum, also ein Ausschnitt, der zur Betrachtung einer eindimensional (in der

x-Richtung) fortschreitenden Verbrennung geeignet ist. Die doppelt umkreisten Teilchen sollen brennbare Teilchen sein, also sich in dem im Kap. 1 beschriebenen Stabilitätszustand befinden. Die übrigen Teilchen sollen unverbrennbar sein; zweifellos gibt es deren in jedem brennbaren Gemisch eine große Anzahl; Näheres über die physikalische Vorstellung siehe Kap. 4, Ziff. c. Die Abbildung stelle den Zustand zu einem bestimmten Zeitpunkt dar; eine noch so kurze Zeitdauer später haben sich alle Teilchen, die ja in lebhafter Bewegung begriffen sind, wieder gegeneinander verschoben. Eine von links nach rechts in der x-Richtung fortschreitende Verbrennung möge gerade das Teilchen a

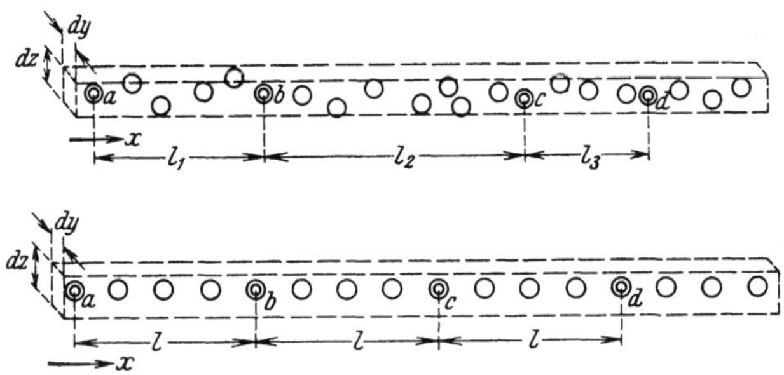

Abb. 3 u. 4. Ausschnitte aus dem Verbrennungsraum.

so weit erhitzt haben, daß dieses gerade zu brennen beginnt. Es ist die Frage, wie sich dann die Verbrennung nach rechts hin weiter fortpflanzt.

Sicher ist, daß die Fortpflanzung z. B. von Teilchen a nach b anders verlaufen wird, wie von b nach c und von c nach d schon aus dem Grunde, weil der Teilchenabstand l jedesmal ein anderer ist und weil der Teilchenabstand in jedem Wärmeübertragungsgesetz, welcher Art dieses auch sein mag, immer eine große Rolle spielt. Es ist aber sehr wahrscheinlich, daß infolge der sehr großen Zahl der Einzelteilchen, über die hinweg die Verbrennung in einem Raum von mehreren Zentimetern Länge fortschreitet, die Zahl der Fälle, in denen ein großer und in denen ein kleiner Teilchenabstand vorliegt, sich gegenseitig ausgleicht und daß im Schlußergebnis die Verbrennung genau so verlaufen sein wird, wie wenn in allen Fällen ein gleicher, durchschnittlicher Teilchenabstand l vorhanden gewesen wäre. Wahrscheinlich wird man daher unbedenklich das Bild der Abb. 3 durch ein schematisches Bild wie in Abb. 4 ersetzen dürfen, wobei man sich darüber klar sein muß, daß die Größe l ein statistischer Mittelwert ist, der einen ähnlichen Charakter und eine ähnliche Existenzberechtigung hat wie der Begriff der mittleren Weglänge der Moleküle, mit dem man in der Physik der Gase rechnet.

In einem System vom Charakter des in Abb. 4 dargestellten, kann man die Wärmeübertragung wie in einem kontinuierlichen Medium berechnen, wenn man die physikalische Natur des Wärmeübertragungsvorgangs kennt, allerdings unter der Voraussetzung, daß die sämtlichen Partikel in ihrer Lage stehenbleiben. Wir machen vorläufig die — offensichtlich unrichtige — Annahme, diese Voraussetzung sei erfüllt, und behalten uns vor, das Ergebnis nachträglich unter Zugrundelegung des wirklichen Sachverhaltes zu korrigieren (Kap. 4, Ziff. b). Die Frage nach der physikalischen Natur des Übertragungsvorganges stellt vor die Entscheidung, ob man Wärmeübertragung durch Wärmeleitung oder durch Strahlung oder durch beide Erscheinungen zugleich als vorliegend annehmen will.

In den folgenden Teilen dieser Arbeit ist so gerechnet worden, wie wenn die Wärme nur durch Leitung, nicht aber auch durch Strahlung übertragen würde. Darin kann allerdings ein Fehler liegen. Man ist aber, wenigstens nach Meinung des Verfassers, vorläufig zu einer derartigen Behandlung gezwungen, weil für eine Berücksichtigung der Wirkung der Strahlung die vorhandenen Forschungsunterlagen noch nicht ausreichen. Zwar liegt Nusselts Arbeit „Der Wärmeübergang in der Verbrennungskraftmaschine“[1] vor und die hier gegebenen präzisen Werte der schwarzen Gasstrahlung und des Absorptionskoeffizienten würden erlauben, sich ein Bild von der Wirkung der Gasstrahlung im Verbrennungsraum zu machen. Jedoch liegt die Schwierigkeit der Übertragung der Nusseltschen Werte auf den vorliegenden Fall hauptsächlich darin, daß hier besonders der vorwärmende Einfluß von Interesse ist, den der bereits entzündete Teil des Gases auf den noch nicht entzündeten Teil ausübt. Der unentzündete Teil des Gases ist aber in seiner chemischen Zusammensetzung und infolgedessen auch in seiner Fähigkeit, sich durch Absorption von Wärmestrahlen zu erwärmen, sehr verschieden von dem Gas, für das Nusselt die Strahlungsgesetze durchforscht hat. Das von Nusselt bei seinen Bombenversuchen benutzte Gas enthielt vor der Verbrennung etwa 17 % CO_2 und 65 % CO. Gerade diese beiden Gase, namentlich CO_2, absorbieren aber innerhalb mehrerer und relativ breiter Wellenlängenbereiche Strahlungsenergie. Der unverbrannte Teil des Gases im Verbrennungsmotor ist aber an diesen beiden Gasen viel ärmer. Bei Gasmaschinen enthält das Gemisch bis höchstens 4 % CO_2 und 30 % CO; bei Benzin- und Benzolmotoren fällt der Gehalt an CO_2 praktisch völlig fort. Auf jeden Fall ist daher zu erwarten, daß hier die Erwärmung des unverbrannten Gasteils durch Strahlung wesentlich geringer bleibt, als sie es beim Nusseltschen Bombenversuch gewesen ist. Es ist sogar möglich, daß der unverbrannte Gemischteil für die Strahlung gänzlich durchlässig ist, da Sauerstoff und Stickstoff, also die Hauptbestandteile des Gemischs, bei allen Temperaturen als vollkommen durchlässig angesehen werden können.

Es soll also nur Wärmeleitung in Betracht kommen. Den Vorgang der Verbrennungsausbreitung möge man sich an Hand der Abb. 4 folgendermaßen vorstellen:

Ursprünglich mögen alle Teilchen eine gleichmäßige Temperatur $\theta = 0$ haben. Nach eingeleiteter Verbrennung möge das Teilchen a und alle links von ihm liegenden brennbaren Teilchen verbrannt sein, also eine höhere Temperatur aufweisen. Diese hohe Temperatur gleicht

[1] Mitteilungen über Forschungsarbeiten. Herausgegeben vom V. D. I.; H. 264.

sich dann in unserem eindimensionalen System nach der Gleichung der Wärmeleitung nach rechts hin aus; von Interesse ist es festzustellen, wann das nächste Teilchen, nämlich b, auf die Zündtemperatur erwärmt sein wird. Die Differentialgleichung der Wärmeleitung lautet:

$$\frac{\partial \Theta}{\partial \tau} = a \cdot \frac{\partial^2 \Theta}{\partial x^2}\,. \tag{1}$$

Wobei bedeutet:
Θ die Temperatur,
τ die Zeit,
x den Weg,
a die Temperaturleitfähigkeit; $a = \frac{\lambda}{c \cdot \gamma}$, wobei
λ die spezifische Wärmeleitfähigkeit,
c die spezifische Wärme,
γ das spezifische Gewicht.

Zur Integration dieser Gleichung könnte man an sich zwei Wege einschlagen. Der eine besteht darin, daß man die ursprüngliche Temperaturverteilungsfunktion mit Hilfe der Fourierschen Reihe in eine Anzahl übereinander gelagerter sin- und cos-Funktionen zerlegt; jede einzelne dieser Funktionen ist dann bekanntlich integrierbar.

Dieser Weg ist aber dadurch praktisch ungangbar gemacht, daß die harmonische Analyse solcher Funktionen, wie es die charakterisierte Anfangstemperaturverteilung ist, nur mit Hilfe einer praktisch unverwendbar großen Zahl von Gliedern der Fourierschen Reihe gelingt. Das kommt daher, daß im Beispiel der Abb. 4 die Temperatur an der Stelle des Teilchens a sehr hoch gehalten werden muß; gleichzeitig muß aber die Temperatur an der dicht benachbarten Stelle b und noch genügend weit rechts davon gleich Null gehalten werden, wobei die bei mäßiger Gliederzahl sich ergebenden Abweichungen von Null nicht zulässig sind, weil man sonst den geringen, wichtigen Abstand von der Zündtemperatur willkürlich verändern würde.

Dagegen kommt man zu einer praktisch brauchbaren Lösung, wenn man von der sogenannten Methode der Quellpunkte[1] ausgeht. Betrachtet man vorerst das Teilchen a allein und denkt man sich den Nullpunkt der Abszisse in eben das Teilchen a gelegt, so möge die Temperatur der Funktion entsprechen:

$$\Theta = \frac{C_a}{\sqrt{\pi}} \cdot \frac{1}{\sqrt{4 a \tau}} \cdot e^{-\frac{x^2}{4 a \tau}}\,. \tag{2}$$

Daß diese Funktion der Differentialgleichung $\frac{\partial \Theta}{\partial \tau} = a \cdot \frac{\partial^2 \Theta}{\partial x^2}$ genügt, läßt sich durch Differenzieren nach τ und zweimaliges Differenzieren nach x beweisen; das soll weiter unten für eine etwas allgemeinere Fassung der Gleichung gezeigt werden.

---

[1] Gröber: Die Grundgesetze der Wärmeleitung und des Wärmeübergangs. S. 64—66.

Die Gleichung (2) läßt sich graphisch durch eine Kurvenschar darstellen, wie sie aus Abb. 5 zu ersehen ist, welche die Temperaturverteilung über die x Richtung darstellt, und zwar für verschiedene Zeitpunkte τ. Bei kleinen Werten der Zeit τ ergibt Gleichung (2) eine räumlich eng zusammengedrängte Stelle hoher Temperatur; für den Grenzfall $\tau = 0$ zieht sich die Stelle hoher Temperatur in eine unendlich hohe Temperaturordinate an der Stelle $x = 0$ zusammen. Mit fortschreitender Zeit wird die Temperaturverteilung immer niederer und flacher und breitet sich dabei immer mehr nach der Seite hin aus.

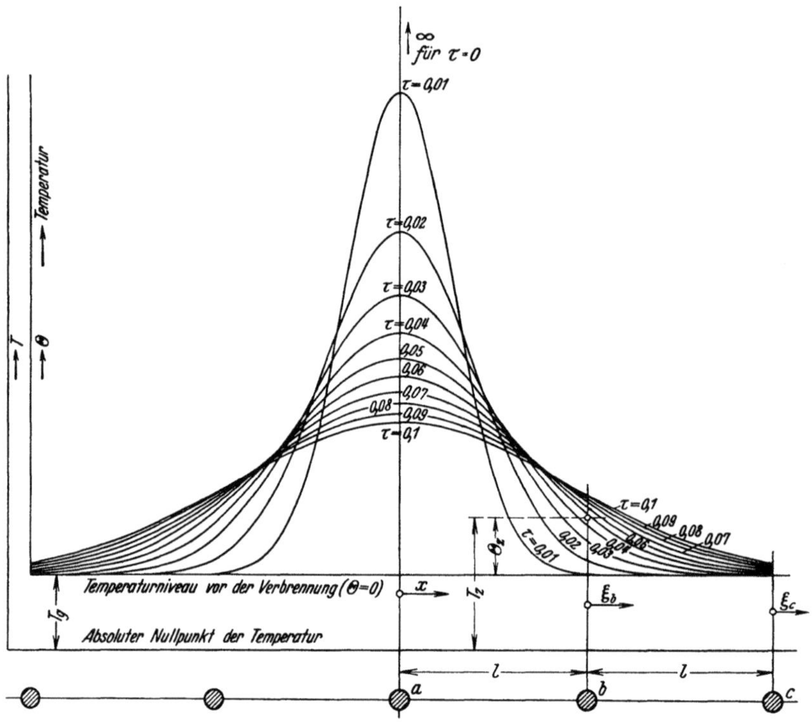

Abb. 5. Die Temperaturverteilung über der x-Achse zu verschiedenen Zeitpunkten τ, hervorgebracht durch Verbrennung des Teilchens a.

Die Gleichung (2) versinnbildlicht gewissermaßen den Fall, daß in einem eindimensionalen System, das zuerst überall gleichmäßig die Temperatur $\Theta = 0$ aufgewiesen hat, an der Stelle $x = 0$ eine plötzlich auftretende Wärmequelle eine bestimmte Wärmemenge entstehen läßt, die sich dann, den Gesetzen der Wärmeleitung gehorchend, allmählich nach rechts und links hin ausbreitet. Wie weiter unten (Gl. 7) gezeigt werden soll, ist die Wärmemenge, die in der gesamten Stelle erhöhter Temperatur enthalten ist, dem konstanten Faktor C_a proportional und dabei für alle Werte von τ von der nämlichen Größe.

Unter Zurückstellung der Frage, wie weit dieser Vorgang den bei der Verbrennung im Motor herrschenden physikalischen Verhältnissen entspricht, sei zunächst untersucht, wie der Vorgang der Ausbreitung der Verbrennung sich durch weitere Anwendung der Gleichung (2) mathematisch erfassen läßt.

An der Stelle, an der sich das nächste Teilchen, nämlich b befindet, steigt die Temperatur mit dem Wachsen der Zeit τ infolge des Wärmezuflusses vom Teilchen a (s. Abb. 5). Wenn die Temperatur dort eine bestimmte konstante Größe Θ_z, die Zündtemperatur, erreicht hat, dann entflammt sich auch Teilchen b, d. h. es tritt dort plötzlich eine Wärmequelle auf, ebenso wie dies zur Zeit $\tau = 0$ an der Stelle a geschehen war. Dies möge zur Zeit $\tau = \tau_b$ der Fall sein; τ_b ist eine feste Größe, die man für ein bestimmtes Beispiel — innerhalb gewisser Grenzen — beliebig dadurch festlegen kann, daß man eine bestimmte Zündtemperatur vorschreibt. Die von der Verbrennung des Teilchens b herrührende hohe Temperatur breitet sich nun von der Stelle b aus nach denselben Gesetzen aus wie oben bei Teilchen a beschrieben, und Gleichung (2) ist daher ohne weiteres auch für Teilchen b gültig, wenn man jetzt statt x eine Abszisse ξ_b einsetzt, die ihren Nullpunkt an der Stelle des Teilchens b hat. Da Teilchen b um die Länge l von Teilchen a entfernt ist, besteht zwischen den beiden Koordinatensystemen hinsichtlich der Abszisse die Beziehung:

$$\xi_b = x - l.$$

Es ist aber bei der für Teilchen b aufzustellenden Gleichung, um die Analogie mit Teilchen a einzuhalten, außerdem noch nötig, auch den Anfangspunkt der Zeitordinate um den zeitlichen Unterschied zwischen der Entzündung der Teilchen a und b zu verlegen. Die Zeitordinate für Teilchen b möge mit ζ_b bezeichnet werden; zwischen ζ_b und τ besteht somit die Beziehung:

$$\zeta_b = \tau - \tau_b.$$

Zwischen den Teilchen b und c spielt sich der beschriebene Vorgang in derselben Weise ab wie zwischen a und b, und ebenso allgemein zwischen den Teilchen $(n - 1)$ und n. Es ist nun die Frage, ob dann, wenn jedes dieser Teilchen zu einer bestimmten, aber im übrigen beliebig wählbaren Zeit τ_n nach dem ersten Teilchen gezündet wird und nach dem Gesetz der Gleichung (2) eine bestimmte Temperaturerhöhung hervorruft, diese Temperaturen sich einfach additiv überlagern können, ohne daß dadurch die Differentialgleichung (1) verletzt wird.

Für das Teilchen n gehen die Gleichungen der Koordinatentransformation über in

$$\xi_n = x - n \cdot l$$
$$\xi_\zeta = \tau - \tau_n.$$

Die Temperatur an einer beliebigen Stelle, und zu einer beliebigen Zeit wird im Falle additiver Überlagerung

$$\Theta = \Theta_a + \Theta_b + \Theta_c + \dots + \Theta_{n-1} + \Theta_n, \tag{3}$$

wobei die Zeiger $a, b, c, \ldots n-1, n \ldots$ andeuten sollen, von der Verbrennung welchen Teilchens die Temperatur herrührt. Dabei gilt:

$$\Theta_a = \frac{C_a}{\sqrt{\pi}} \cdot \frac{1}{\sqrt{4 a \tau}} \cdot e^{-\frac{x^2}{4 a \tau}}, \quad \text{und} \tag{2}$$

$$\Theta_n = \frac{C_n}{\sqrt{\pi}} \cdot \frac{1}{\sqrt{4 a \zeta_n}} \cdot e^{-\frac{\xi_n^2}{4 a \zeta_n}} = \frac{C_n}{\sqrt{\pi}} \cdot \frac{1}{\sqrt{4 a (\tau - \tau_n)}} \cdot e^{-\frac{(x - n l)^2}{4 a \cdot (\tau - \tau_n)}} \tag{4}$$

Wir bilden, um die Verträglichkeit dieser Gleichungen mit der partiellen Differentialgleichung zu prüfen, den Differentialquotienten

$$\frac{\partial \Theta}{\partial \tau} = \frac{\partial \Theta_a}{\partial \tau} + \frac{\partial \Theta_b}{\partial \tau} + \frac{\partial \Theta_c}{\partial \tau} + \ldots + \frac{\partial \Theta_n}{\partial \tau}, \text{ oder, wegen (2) und (4)},$$

$$= \frac{C_a}{\sqrt{\pi}} \cdot \frac{1}{4 a \tau} \cdot e^{-\frac{x^2}{4 a \tau}} \cdot \frac{1}{\tau} \cdot \left[\frac{x^2}{4 a \tau} - \frac{1}{2}\right] +$$

$$+ \ldots\ldots\ldots\ldots\ldots\ldots\ldots\ldots +$$

$$+ \frac{C_n}{\sqrt{\pi}} \cdot \frac{1}{\sqrt{4 a \cdot (\tau - \tau_n)}} \cdot e^{-\frac{(x - n l)^2}{4 a (\tau - \tau_n)}} \cdot \frac{1}{\tau - \tau_n} \cdot \left[\frac{(x - n l)^2}{4 a (\tau - \tau_n)} - \frac{1}{2}\right].$$

Genau dieselbe Summe erhält man Glied für Glied, wenn man den Differenzialquotienten $\frac{\partial^2 \Theta}{\partial x^2}$ bildet und mit a multipliziert, womit bewiesen ist, daß im System das Gesetz der Wärmeleitung erfüllt ist.

Im folgenden soll eine für die Berechnung der Verbrennung im Motor bequemere Temperaturskala benutzt werden. Die bisherige Temperatur $\Theta = 0$ ist in Wirklichkeit die Temperatur des Gemischs, wie sie unmittelbar vor der Verbrennung herrscht, und der Betrag, der in Wirklichkeit in der Größenordnung von etwa 600 bis 1000 Grad absolut zu liegen pflegt, soll künftig mit T_g (Grad absolut) bezeichnet werden. Die Zündtemperatur soll nun mit T_z, die Verbrennungstemperatur, also die Temperatur des Gases nach erfolgter Verbrennung, mit T_v, eine beliebige Augenblickstemperatur irgendeines Teilchens mit T bezeichnet werden (stets Grad absolut). Es handelt sich also nur um eine Verlegung des Nullpunkts der Temperaturskala (siehe auch Abb. 5).

$$\begin{aligned} T_z &= T_g + \Theta_z \\ T_v &= T_g + \Theta_v \\ T &= T_g + \Theta. \end{aligned} \tag{5}$$

Zu bemerken ist, daß in der obigen Gleichung deswegen, weil jedes Teilchen dieselbe Wärmemenge (vgl. Gl. 7) entwickelt, die Größen C_1, C_2, C_3 usf. untereinander alle gleich sind und daher durch eine einheitliche Größe C ersetzt werden können.

Eine Beziehung, die erlaubt, die Größe C durch die Verbrennungsendtemperatur T_v zu ersetzen, läßt sich daraus gewinnen, daß der Endzustand des ganzen Verbrennungsvorgangs bekannt ist; man weiß, daß am Ende — abgesehen von den Wärmeverlusten an die Wände — sämtliche Teilchen die Verbrennungsendtemperatur T_v erreicht haben werden. Dieser Zustand wird in Wirklichkeit dadurch erreicht, daß die Temperaturverteilungen der verbrannten Teilchen sich überlagern. Dieser Vorgang spielt sich also links von dem von uns (Abb. 5) betrachteten Teilchen a im bereits verbrannten Abschnitt des Verbrennungsraums ab. Seine Einzelheiten sollen, da von geringem Interesse für die Frage der Ausbreitung der Verbrennung, nicht behandelt werden. Eine mathematische Beziehung läßt sich aber aus der Überlegung ableiten, daß — gleichgültig wie das im einzelnen zugehen möge — jedenfalls jedes Teilchen eine so große Wärmemenge Q aufbringen muß, daß durch diese der auf das Teilchen entfallende Teil des Verbrennungsraums, nämlich ein Raum von der Länge l, der Breite dy und der Dicke dz auf die Temperatur $T_v - T_g$ erhitzt wird. Diese Wärmemenge Q läßt sich aber folgendermaßen ausdrücken:

$$Q = c \cdot \gamma \cdot dy \cdot dz \cdot l \cdot (T_v - T_g)\,, \tag{6}$$

wobei c die spezifische Wärme ist.

Andererseits läßt sich aber auch die von einem Teilchen entwickelte Wärmemenge aus der Temperaturverteilungskurve als deren Flächeninhalt errechnen (s. Gröber, S. 65)

$$Q = c \cdot \gamma \cdot dy \cdot dz \cdot \int_{-\infty}^{+\infty} (T - T_g) \cdot dx = c \cdot \gamma \cdot dy \cdot dz \cdot \int_{-\infty}^{+\infty} \frac{C}{\sqrt{\pi}} \cdot \frac{1}{\sqrt{4a(\tau - \tau_n)}} \cdot e^{-\frac{(x - nl)^2}{4a(\tau - \tau_n)}} \cdot dx = c \cdot \gamma \cdot dy \cdot dz \cdot C. \tag{7}$$

Durch Vergleich von Gl. (6) und (7) findet man:

$$C = l\,(T_v - T_g). \tag{8}$$

Unter Verwertung von Gl. (8) lautet dann Gl. (2) und (4)

$$\left.\begin{aligned} T_a - T_g &= \frac{T_v - T_g}{\sqrt{\pi}} \cdot \frac{l}{\sqrt{4a\tau}} \cdot e^{-\frac{x^2}{4a\tau}} \\ T_b - T_g &= \frac{T_v - T_g}{\sqrt{\pi}} \cdot \frac{l}{\sqrt{4a(\tau - \tau_b)}} \cdot e^{-\frac{(x-l)^2}{4a(\tau - \tau_b)}} \\ T_n - T_g &= \frac{T_v - T_g}{\sqrt{\pi}} \cdot \frac{l}{\sqrt{4a \cdot (\tau - \tau_n)}} \cdot e^{-\frac{(x - nl)^2}{4a(\tau - \tau_n)}}. \end{aligned}\right\} \begin{array}{c}\text{Gleichung der Temperaturver-}\\\text{teilung, wie sie hervorgebracht}\\\text{wird durch die Verbrennung des}\\\text{Teilchens } a,\ b \text{ oder } n.\end{array} \tag{9}$$

Wenn so jedes verbrannte Teilchen eine bestimmte Temperaturerhöhung seiner Umgebung erwirkt und die Temperaturverteilungen sich überlagern, so ist noch zu untersuchen, wie dann für ein an einer bestimmten Stelle befindliches, ins Auge gefaßtes Teilchen die Temperatur sich ergibt; vor allem ist diese Frage von Interesse für ein solches Teilchen, das gerade in Begriffe steht, sich auf die Zündtemperatur zu erwärmen.

In Abb. 6 sei der Verbrennungsvorgang zum Zeitpunkt $\tau = \tau_n$ dargestellt. In diesem Augenblick sollen alle Teilchen von Nr. Null an bis Nr. $(n - 1)$ einschließlich bereits verbrannt sein. Durch die vom

Teilchen $(n-1)$ und vielleicht auch noch vom Teilchen $(n-2)$, $(n-3)$, allgemein $(n-m)$, abgeleitete Wärme sei Teilchen n, das wir speziell ins Auge fassen wollen, zum genannten Zeitpunkt gerade auf die Zünd-

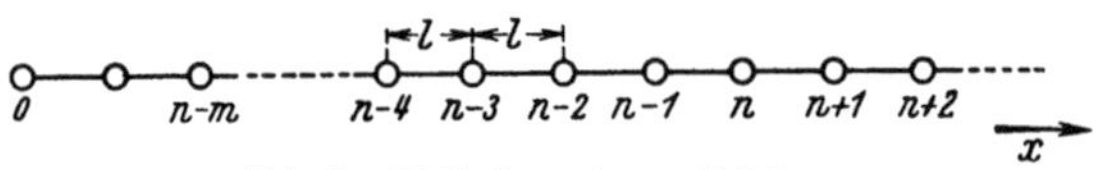

Abb. 6. Kette brennbarer Teilchen.

temperatur T_z angewärmt worden. Es soll nun festgestellt werden, welchen Teil von der Temperaturerhöhung von T_g auf T_z das Teilchen n bezogen hat vom benachbarten Teilchen $(n-1)$, ferner welchen vom Teilchen $(n-2)$, ... ferner welchen vom Teilchen $(n-m)$.

Nach Gl. (9) ist ganz allgemein die von den Teilchen $(n-1)$, $(n-2)$ ... $(n-m)$ herstammende Temperatur gleich

$$T_{n-1} - T_g = \frac{T_v - T_g}{\sqrt{\pi}} \cdot \frac{l}{\sqrt{4a\cdot(\tau - \tau_{n-1})}} \cdot e^{-\frac{(x-[n-1]\cdot l)^2}{4a(\tau - \tau_{n-1})}}$$

$$T_{n-2} - T_g = \frac{T_v - T_g}{\sqrt{\pi}} \cdot \frac{l}{\sqrt{4a\cdot(\tau - \tau_{n-2})}} \cdot e^{-\frac{(x-[n-2]\cdot l)^2}{4a\cdot(\tau - \tau_{n-2})}} \text{ u.s.f., und} \qquad (10)$$

$$T_{n-m} - T_g = \frac{T_v - T_g}{\sqrt{\pi}} \cdot \frac{l}{\sqrt{4a\cdot(\tau - \tau_{n-m})}} \, e\cdot^{-\frac{(x-[n-m]\cdot l)^2}{4a\cdot(\tau - \tau_{n-m})}} .$$

Für die in Gl. (10) vorkommenden Größen x und τ gilt nun folgendes: Im vorliegenden Fall sollen voraussetzungsgemäß von den allgemeinen Temperaturen T_{n-1}, T_{n-2}, ... T_{n-m} diejenigen besonderen berechnet werden, die an der Stelle des Teilchens n herrschen; dessen Abszisse ist aber $x = n \cdot l$ zu setzen, wie Abb. 6 zeigt.

Da wie vorausgesetzt der Zeitpunkt der Betrachtung τ_n ist, so gilt außerdem: $\tau = \tau_n$. Aber auch über die bisher beliebigen Zündzeiten τ_{n-1}, τ_{n-2}, ... τ_{n-m} der Teilchen $(n-1)$, $(n-2)$, ... $(n-m)$ läßt sich hier etwas Bestimmtes aussagen. Würde man nämlich vorübergehend statt des Teilchens n das Teilchen $(n+1)$ betrachten, so ließe sich natürlich die ganze bisherige Rechnung statt für n genau so für $(n+1)$ aufstellen; die beiden Teilchen — und jedes andere — sind an sich genau gleichwertig; höchstens könnte man einen Unterschied zwischen ihnen darin finden, daß das eine näher am Systemanfang $x = 0$ liegt als das andere; wenn man aber nur an solche Teilchen denkt, die genügend weit vom Anfang entfernt sind, so verschwindet bis auf eine sehr kleine Ungenauigkeit auch dieser Einfluß. Infolgedessen ist aber auch nicht einzusehen, warum z. B. der zeitliche Abstand zwischen der Zündung der Teilchen $(n-1)$ und n ein anderer sein soll, als zwischen den Teilchen n und $(n+1)$; vielmehr ist die Zeitdauer, die zwischen den Zündungen zweier benachbarter Teilchen verstreicht, an allen Stellen des Systems (abgesehen von den anfänglichen Partien) gleichzusetzen und werde mit τ_l bezeichnet. Zündet nun Teilchen n wie vorausgesetzt zum Zeitpunkt τ_n, so errechnet sich der Zündzeitpunkt τ_{n-1} des Teilchens $(n-1)$ zu $(\tau_n - \tau_l)$; ferner wird $\tau_{n-2} = \tau_n - 2\tau_l$, und $\tau_{n-m} = \tau_n - \tau_l \cdot m$.

Setzt man die Werte für x, τ_n, τ_{n-m} in die Gl. (10) ein, so erhält man:

$$\begin{aligned} T_{n-1} - T_g &= \frac{T_v - T_g}{\sqrt{\pi}} \cdot \frac{l}{\sqrt{4a\tau_l}} \cdot e^{-\frac{l^2}{4a\tau_l}} \\ T_{n-2} - T_g &= \frac{T_v - T_g}{\sqrt{\pi}} \cdot \frac{l}{\sqrt{4a \cdot 2\tau_l}} \cdot e^{-\frac{(2l)^2}{4a \cdot 2\tau_l}}, \text{ u. s. f., und} \\ T_{n-m} - T_g &= \frac{T_v - T_g}{\sqrt{\pi}} \cdot \frac{l}{\sqrt{4a \cdot m \cdot \tau_l}} \cdot e^{-\frac{(ml)^2}{4am \cdot \tau_l}}. \end{aligned} \tag{11}$$

Addiert man diese Gleichungen zueinander, so ergibt die Summe der linken Gleichungsseiten die Gesamttemperatur an der Stelle des Teilchens n (und zwar gerechnet von der Temperaturbasis T_g aus), die gemäß Voraussetzung $= T_z$ zu setzen ist. Man erhält so

$$\begin{aligned} T_z - T_g = \frac{T_v - T_g}{\sqrt{\pi}} \cdot \Biggl\{ & \frac{l}{\sqrt{4a\tau_l}} \cdot e^{-\frac{l^2}{4a\tau_l}} + \frac{1}{\sqrt{2}} \cdot \frac{l}{\sqrt{4a\tau_l}} \cdot e^{-\frac{l^2}{4a\tau} \cdot 2} + \\ & + \cdots + \frac{1}{\sqrt{m}} \cdot \frac{l}{\sqrt{4a\tau_l}} \cdot e^{-\frac{l^2}{4a\tau} \cdot m} \Biggr\}. \end{aligned} \tag{12}$$

Führt man eine Hilfsgröße u ein, die definiert wird mit:

$$u = \frac{l}{\sqrt{4a\tau_l}}, \tag{13}$$

so erhält man durch Einsetzen aus Gl. (13) in Gl. (12):

$$\begin{aligned} \frac{T_z - T_g}{T_v - T_g} &= \frac{1}{\sqrt{\pi}} \left\{ u \cdot e^{-u^2} + \frac{1}{\sqrt{2}} \cdot u \cdot e^{-u^2 \cdot 2} + \cdots + \frac{1}{\sqrt{m}} \cdot u \cdot e^{-u^2 \cdot m} \right\} \\ &= \frac{1}{\sqrt{\pi}} \cdot u \cdot \sum_{m=1}^{m=\infty} \left(\frac{1}{\sqrt{m}} \cdot e^{-u^2 \cdot m} \right). \end{aligned} \tag{14}$$

Diese Gleichung stellt die Temperatur $(T_z - T_g)$ eines gerade zur Entzündung kommenden Teilchens dar — nicht in absoluter Größe, sondern als Anteil der Verbrennungsendtemperatur $(T_v - T_g)$ — und zwar durch eine arithmetische Reihe. Jedes Glied der Reihe gibt an, wie viel von der Gesamttemperatur $\frac{T_z - T_g}{T_v - T_g}$ von den einzelnen vor dem betrachteten bereits verbrannten Teilchen ($m = 1, 2, 3 \ldots$ usf.) entstammt.

Die linke Gleichungsseite enthält nur die Größen T_g, T_z und T_v, also Werte, die experimentell wenigstens mit einiger Annäherung bestimmt werden können und die auch konstant bleiben, solange man am Verdichtungsverhältnis und am Brennstoffgemisch des Motors nichts ändert. Auf der rechten Seite ist u die einzige vorkommende unbekannte Größe, da m einfach die Zahlenreihe 1, 2, 3, ... durchläuft. Infolgedessen kann u aus den ermittelbaren Größen T_g, T_z, T_v mit Hilfe der Gl. (14) errechnet werden.

Dieser Umstand soll hier dazu benützt werden, um die Größenordnung der Zahl u zu bestimmen: Die Zündtemperatur T_z liegt bei Motoren meist nicht viel über der Gemischtemperatur T_g, da man im allgemeinen T_g mittels der Verdichtung bis möglichst nahe an die Zündtemperatur steigert, um wenig Brennstoff zu verbrauchen und um eine gute Verbrennung zu erhalten. Hier sollen Werte von $(T_z - T_g)$ in Betracht gezogen werden, die zwischen 50 und 400° liegen. Die Verbrennungstemperaturen t_v liegen in der Gegend von 1600 bis 2500° C, und da hier Gemischtemperaturen von etwa 400° C in Betracht kommen, bewegt sich $(T_v - T_g)$ im Größenbereich von etwa 1200 bis 2100°. Infolgedessen liegt $\frac{T_z - T_g}{T_v - T_g}$ etwa zwischen 0,024 und 0,330. Aus Gl. (14) geht dann hervor, daß u zwischen 1,96 und 0,91 liegt; denn

$$\frac{T_z - T_g}{T_v - T_g} = \frac{1{,}96}{\sqrt{\pi}} \cdot \left\{ e^{-1{,}96^2} + \frac{1}{\sqrt{2}} \cdot (e^{-1{,}96^2})^2 + \frac{1}{\sqrt{3}} \cdot (e^{-1{,}96^2})^3 + \ldots \right\}$$

$$= \frac{1{,}96}{\sqrt{\pi}} \cdot \left\{ 0{,}0215 + 0{,}0003 + 0{,}0000 + \ldots \right\} = 0{,}024$$

$$\frac{T_z - T_g}{T_v - T_g} = \frac{0{,}96}{\sqrt{\pi}} \cdot \left\{ e^{-0{,}96^2} + \frac{1}{\sqrt{2}} \cdot (e^{-0{,}96^2})^2 + \frac{1}{\sqrt{3}} \cdot (e^{-0{,}96^2})^3 \right.$$

$$\left. + \frac{1}{\sqrt{4}} \cdot (e^{-0{,}96^2})^4 + \frac{1}{\sqrt{5}} \cdot (e^{-0{,}96^2})^5 \right\}$$

$$= \frac{0{,}96}{\sqrt{\pi}} \cdot \left\{ 0{,}3980 + 0{,}1120 + 0{,}0364 + 0{,}0125 + 0{,}0045 \right.$$

$$\left. + \ldots \right\} = 0{,}305.$$

Aus diesen Beispielen geht hervor, daß von der Reihe der rechten Gleichungsseite das erste Glied weitaus das größte ist. Da die Reihe rasch konvergiert, so kann man, wenn mäßige Genauigkeit verlangt wird, im ersten Fall mit dem ersten Glied, im zweiten Fall etwa mit dem ersten und zweiten auskommen und die übrigen vernachlässigen.

Physikalisch bedeutet diese Feststellung — vgl. den Absatz unterhalb der Gl. (14) — das Folgende: Ist ein Teilchen n des Gemischs beim Vorgang der Verbrennungsausbreitung so hoch erhitzt worden, daß seine Zündtemperatur gerade erreicht wird, so entstammt seine Temperaturerhöhung hauptsächlich der Zuleitung von Wärme vom letzten vor ihm verbrannten Teilchen ($n - 1$; $m = 1$). Das vorletzte, schon vor ihm verbrannte Teilchen ($n - 2$; $m = 2$) und noch früher verbrannte Teilchen ($n - 3$; $n - 4$ usf.) haben nur einen geringen Teil zu seiner Temperaturerhöhung beigetragen. Der Einfluß der Teilchen $n - 2$, $n - 3$ usf. ist relativ größer in Fällen, in denen die Zündtemperatur T_z wesentlich höher liegt als die ursprüngliche Temperatur T_k des Gemisches.

Dasselbe läßt sich umgekehrt auch folgendermaßen ausdrücken: Der Temperatureinfluß eines eben verbrannten Teilchens erstreckt sich in den von noch unverbrannten Teilchen angefüllten Raum hinein nur noch eine kurze Strecke. Stark erhitzt von ihm wird nur das ihm im Sinn der Verbrennungsausbreitung nächste Teilchen, das übernächste und die auf dieses folgenden dagegen viel weniger. Das Temperaturgefälle erstreckt sich also beinahe nur auf den Raum zwischen zwei Teilchen, ist also sehr steil.

Folgende Tabelle zeigt den Verlauf der Größe u:

Für $\frac{T_z - T_g}{T_v - T_g} =$	0,01	0,02	0,05	0,10	0,15	0,20	0,25	0,30	0,35
$u =$	2,20	2,00	1,74	1,48	1,32	1,19	1,08	0,96	0,87

Im weiteren Verlauf der Arbeit ist einfachheitshalber immer nur mit einem Glied der Reihe gerechnet, sofern nicht ausdrücklich das Gegenteil erwähnt wird. In den meisten Fällen bedeutet das eine Ungenauigkeit von nur einigen Prozent. Im übrigen ist es in den nachfolgenden Ausführungen natürlich immer möglich, die auf das $(n-1)$te Glied angewandten Methoden außerdem nachträglich noch auf das $(n-2)$te usw. auszudehnen.

Die bisherigen Betrachtungen gelten für eindimensionale Fortpflanzung der Verbrennung. Im Motor handelt es sich aber meistens um den Fall, daß die Verbrennung von einem Punkt ausgehend sich im Raum radial gleichmäßig rasch nach allen Richtungen ausbreitet, und es ist die Frage, ob der benutzte mathematische Ansatz auch dann noch gültig bleibt. Allgemein ist das sicher nicht der Fall; denn stellt man, in Kugelkoordinaten, die Differentialgleichung der Wärmeleitung in der Kugel für radiale Fortpflanzungsrichtung auf, so ist Gl. (2) kein Integral von dieser. Es ist dem Verfasser nicht gelungen, eine Funktion zu finden, die ein Integral davon wäre und gleichzeitig einen ähnlichen physikalischen Vorgang versinnbildlichte wie Gl. (2). Die nachfolgende Überlegung, die allerdings natürlich kein mathematischer Beweis ist, zeigt aber, daß im vorliegenden besonderen Fall man doch auch für die strahlenförmige Ausbreitung im Raum die bisher verwendeten Gleichungen wird benutzen können:

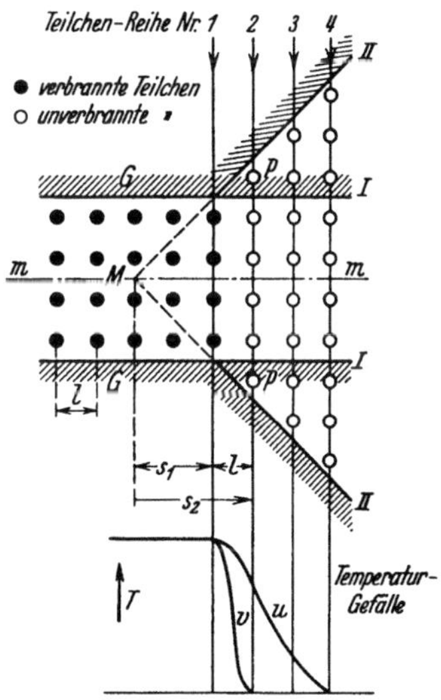

Abb. 7. Eindimensionale und dreidimensionale Verbrennungsausbreitung.

In der schematischen Abb. 7 habe die von links kommende Verbrennung, die innerhalb der begrenzenden Wände G verlaufen ist, die Teilchenreihe 1 gerade zur Entzündung gebracht. Die Verbrennung schreitet nun nach rechts fort, das eine Mal — Fall I — in einem prismatischen Raum eindimensional innerhalb der Grenzen I, das andere Mal — Fall II — in strahlenförmiger Richtung von einem Mittelpunkt M ausgehend innerhalb der begrenzenden Wände II. Das Ganze stelle also einen räumlichen Vorgang dar; G und I sollen die Durchdringungslinien eines Kreiszylinders mit der Achse m durch die Papierebene, II die eines Kreiskegels mit der Achse m und der Spitze M sein. Es ist zu untersuchen, welcher Unterschied zwischen beiden Fällen besteht.

Würde das von Reihe 1 ausgehende Temperaturgefälle flach sein, also etwa den Charakter der bis Reihe 4 reichenden Temperaturkurve u haben, so ließe sich über den Unterschied zwischen beiden Fällen nichts Bestimmtes aussagen. Wie aber oben gezeigt worden ist, handelt es sich hier im besonderen Fall der Verbrennungsfortpflanzung um sehr steile Temperaturgefälle; bis zum Zeitpunkt, zu dem die Reihe 2 entzündet wird und somit das Spiel von neuem beginnt, ist eine bedeutendere Erwärmung der Reihe 3 oder gar 4 noch gar nicht eingetreten (Temperaturkurve v). Wenn sich aber der entscheidende Wärmeleitungsvorgang nur zwischen Reihe 1 und 2 abspielt, so kann man den Unterschied zwischen Fall I und II abschätzen:

Dieser besteht nämlich einmal darin, daß im Fall II sich die von Reihe 1 ausgesandte Wärme auf mehr Teilchen der Reihe 2 verteilt, als im Fall I, weil die Teilchen p noch dazukommen. Bezeichnet man die Zahl der innerhalb der Grenzen liegenden Teilchen der Reihe 1 mit n_1, die Zahl der Teilchen der Reihe 2 für Fall I mit $n_{2\,\mathrm{I}}$ und für Fall II mit $n_{2\,\mathrm{II}}$, so gilt:

$$n_{2\,\mathrm{I}} = n_1 \, .$$

Für die Ausbreitung innerhalb des kegeligen Raums gilt, da die Grundfläche eines Kegels proportional mit dem Quadrat ihres Abstands s von der Kegelspitze anwächst:

$$n_{2\,\mathrm{II}} = n_1 \cdot \frac{s_2^2}{s_1^2}\,, \text{ und wegen } n_{2\,\mathrm{I}} = n_1 \text{ auch: } n_{2\,\mathrm{II}} = n_{2\,\mathrm{I}} \cdot \frac{s_2^2}{s_1^2}\,.$$

Nun gilt aber, wenn l die nämliche Bedeutung hat wie in Abb 4,

$$s_2 = s_1 + l;$$

dies eingesetzt in die letzte Gleichung gibt:

$$\frac{n_{2\,\mathrm{II}}}{n_{2\,\mathrm{I}}} = \frac{(s_1 + l)^2}{s_1^2} = 1 + 2\,\frac{l}{s_1} + \frac{l^2}{s_1^2}\,.$$

Nun ist l eine sehr kleine Größe (siehe darüber Kap. 4, Ziff. c), während der Abstand s von der Zündkerze eine Größe ist, die — abgesehen von den allerersten Stadien des Verbrennungsvorgangs des gesamten Gemischs, welche im Rahmen des ganzen Vorgangs vernachlässigt werden können — immerhin nach Millimeter und Zentimeter gemessen wird. Infolgedessen ist l^2/s^2 sehr klein, aber auch l/s noch klein, und die Zahlen der Teilchen $n_{2\,\mathrm{II}}$ und $n_{2\,\mathrm{I}}$ unterscheiden sich daher nur wenig voneinander, praktisch genommen überhaupt nicht, sobald die Flammenfront einigen Abstand vom Ausgangspunkt der Verbrennung gewonnen hat.

Ein zweiter Unterschied zwischen Fall I und II besteht noch darin, daß sich der durchschnittliche Durchtrittsquerschnitt, der dem Wärmestrom auf dem Weg von Reihe 1 zu Reihe 2 zur Verfügung steht, im Fall II größer ist als im Fall I. Hier läßt sich aber analog wie im vorigen Absatz der Beweis führen, daß der Unterschied bei einiger Größe von s vernachlässigt werden darf.

Aus diesen Betrachtungen scheint dem Verfasser hervorzugehen, daß die bisherigen Gleichungen unbedenklich auch für die dreidimensionale Ausbreitung der Verbrennung angewendet werden dürfen.

4. Kritik der Übereinstimmung des physikalischen Vorgangs bei der Verbrennung mit dem mathematischen Ansatz nach Kapitel 3.

a) Verbrennungswärme unendlich oder endlich schnell entstehend? b) Einfluß der Turbulenz auf die Vorgänge innerhalb der gerade sich entzündenden Zone. c) Vorstellung über den absoluten Wert des Teilchenabstands l. Die vorliegende Rechnungsmethode als statistische Erfassung der Vorgänge.

a) Die Funktion der Gl. (2) versinnbildlicht den Vorgang, daß zunächst an einer engen Stelle plötzlich eine Wärmequelle entsteht, und daß dann die von ihr erzeugte hohe Temperatur sich allmählich nach der Seite hin durch Wärmeleitung ausbreitet. Man kann das Bedenken erheben, daß das erste Anfangsstadium der Verbrennung eines Teilchens sicher anders verläuft als es die genannte Funktion darstellt. Die Wärmequelle wird in Wirklichkeit nicht in unendlich kurzer Zeit entstehen, sondern, wie alles in der Natur, eine gewisse Entstehungszeit benötigen. In Abb. 8 könnte man es sich z. B. zweifellos als wahrscheinlicher vorstellen, daß die Wärmequelle im Entstehen nacheinander die Temperaturverteilungen a, b, c, d erzeugt, als daß sie plötzlich, wie es die Rechnung ergibt, eine Temperaturverteilung erzeugt, die mit einer Temperatur $= \infty$ anfängt und dann die Stadien etwa A, B, C, D durchläuft. Ja, es ist durchaus möglich, daß zur Zeit $t = 0$ überhaupt erst eine kurze Zeitspanne, der sog. Zündverzug verstreicht, bis es zur Erzeugung der zu den Temperaturverteilungen a, b, c, d notwendigen Wärme kommt.

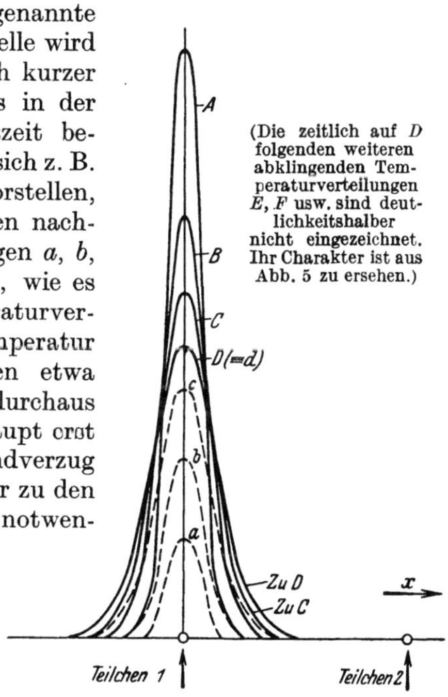

(Die zeitlich auf D folgenden weiteren abklingenden Temperaturverteilungen E, F usw. sind deutlichkeitshalber nicht eingezeichnet. Ihr Charakter ist aus Abb. 5 zu ersehen.)

Abb. 8. Temperaturverteilungen für endlich (gestrichelt) und unendlich (ausgezogen) schnell entstehende Verbrennungswärme.

Der „Zündverzug" ist am laufenden Motor und bei Bombenversuchen wiederholt gemessen worden. Im folgenden sei einschiebend bemerkt, warum man diese experimentellen Messungen nach Meinung des Verfassers mit Vorsicht verwerten muß und den hier vorliegenden auf sehr kleinen Raum beschränkten Vorgängen nicht zugrunde legen darf: Die Messungen beruhen, wenigstens soweit dem Verfasser bekannt, alle auf Messung der zwischen dem Überspringen des Zündfunkens und dem Entstehen des ersten Verbrennungsdrucks verstreichenden Zeit. In einer kugelförmigen Versuchsbombe von z. B. 30 cm Durchmesser möge ein

Gemisch von 5 at abs. Anfangsdruck verbrannt werden; nach vollständiger Verbrennung der ganzen Ladung möge ein Verbrennungsdruck von 15 at abs. entstehen. Man betrachte nun die Verhältnisse zu dem Zeitpunkt, zu dem die vom Mittelpunkt ausgehende Verbrennung radial 1,5 cm, also $^1/_{10}$ ihres radialen Wegs, zurückgelegt hat. Dann ist $^1/_{1000}$ des Kugelinhalts verbrannt; wie man sich leicht ausrechnen kann, ist dann die erzeugte Drucksteigerung über den Anfangsdruck auch erst $^1/_{1000}$ der insgesamt zu erwartenden, also hier $^{10}/_{1000}$ oder $^1/_{100}$ at. Auch der beste Indikator — sofern er gleichzeitig zur Messung von Drücken bis zu 15 at geeignet ist — wird aber bei diesem Druck noch stillstehen, und man wird irrtümlicherweise eine Zeitspanne, in der in Wirklichkeit eine schon sehr merkliche Strecke von der Verbrennung zurückgelegt ist, als Zündverzugszeit ansprechen. Ohne weitere Diskussion der ganzen hier einschlägigen Verhältnisse sei nur darauf hingedeutet, daß der Fehler infolge der dazukommenden Verdrängungserscheinung (Kap. 6), der Langsamkeit der radialen Verbrennungsausbreitung im Anfangsstadium der Gesamtverbrennung und infolge der endlichen Fortpflanzungsgeschwindigkeit der Druckwelle sehr erheblich sein kann.

Zurückkehrend zum vorletzten Absatz sei nun an Hand der Abb. 8 folgendes geprüft: Das Teilchen 1 sei zur Zeit $= 0$ gerade entzündet worden und die von ihm ausgehende Temperaturerhöhung durchlaufe mit fortschreitender Zeit in einem Falle die bisher gerechneten Temperaturverteilungen A, B, C, D und folgende, im anderen Falle die in Wirklichkeit wahrscheinlicheren Temperaturverteilungen a, b, c, d und folgende; dabei sollen die Verteilungen D und d und die danach folgenden, die in Abb. 8 deutlichkeitshalber nicht mehr eingezeichnet sind, übereinstimmen. Wie wirkt sich diese Verschiedenheit auf die Temperatur von Teilchen 2 und insbesondere auf dessen Zündzeitpunkt aus?

Nach Gl. (9), die sich natürlich auf die Verteilungen A, B, C usw. bezieht, gilt:

$$T_1 - T_g = \frac{T_v - T_g}{\sqrt{\pi}} \cdot \frac{l}{\sqrt{4a\tau}} \cdot e^{-\frac{x^2}{4a\tau}}.$$

Da hier die vom Teilchen 1 ausgehende, an der Stelle des Teilchen 2 entstehende Temperatur, die mit $T_{(1,2)} - T_g$ bezeichnet werden soll, interessiert, wird wieder $x = l$ und man erhält

$$T_{(1,2)} - T_g = \frac{T_v - T_g}{\sqrt{\pi}} \cdot \frac{l}{\sqrt{4a\tau}} \cdot e^{-\frac{l^2}{4a\tau}}. \tag{15}$$

Aus dieser Gleichung wollen wir finden, welche Temperatur $T_{(1,2)} - T_g$ an der Stelle 2 gerade zu einer bestimmten Zeit τ herrscht. Man erleichtert sich das, indem man eine Hilfsgröße U mit

$$U = \frac{l}{\sqrt{4a\tau}}, \quad \text{oder} \quad \tau = \frac{l^2}{4a} \cdot \frac{1}{U^2} \tag{16}$$

definiert, wobei aber jetzt im Gegensatz zu Gl. (13) τ eine Variable und nicht wie in Gl. (13) eine Konstante ist.

Aus Gl. (15) wird durch Einsetzen aus Gl. (16) die Gleichung

$$U \cdot e^{-U^2} = \frac{T_{(1,2)} - T_g}{T_v - T_g} \cdot \sqrt{\pi}\ * . \qquad (17)$$

In Abb. 9 ist zunächst nach Gl. (17) U als Funktion von $\frac{T_{(1,2)} - T_g}{T_v - T_g}$ aufgetragen. Hat man U gefunden, so kann man nach Gl. (16) die Größe τ finden, da l und $4a$ konstant sind. Allerdings bleibt, da l in absolutem Maß unbekannt ist, der Maßstab der τ-Kurve unbekannt, was aber für die Folge ohne Bedeutung ist. Die τ-Kurve in Abb. 9 gibt also an, wie lange Zeit das Teilchen 2 braucht, um eine bestimmte Temperatur $T_{(1,2)} - T_g$ zu erreichen, wobei $T_{(1,2)} - T_g$ nicht in einem absoluten Maßstab, sondern als Anteil der Verbrennungstemperatur aufgetragen ist. Dabei steigt die Temperatur $T_{(1,2)} - T_g$ beim Verbrennungsvorgang so lange an, bis sie die Zündtemperatur $T_z - T_g$ erreicht hat. Zwischen welchen Werten erfahrungsgemäß die Zündtemperaturen liegen, wurde S. 18 behandelt; die beiden Grenzen (bei $\frac{T_z - T_g}{T_v - T_g} = 0{,}024$ und $0{,}330$) sind in Abb. 9 durch Sternchen gekennzeichnet. Für die in Teil III gerechneten Beispiele 3, 4 und 5 liegt $\frac{T_z - T_g}{T_v - T_g}$ in der Nähe von 0,20.

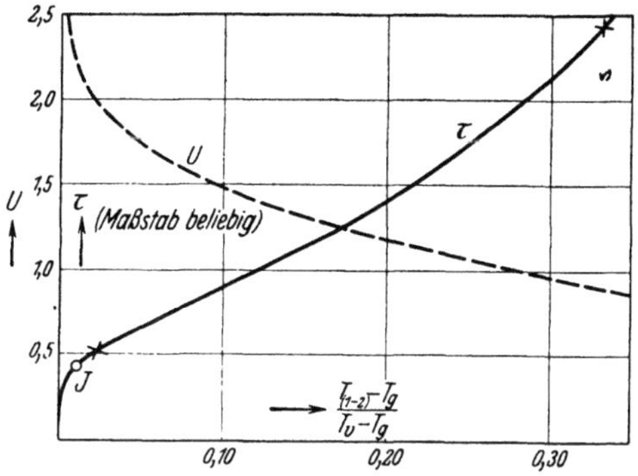

Abb. 9. Die für den Temperaturanstieg des Teilchens 2 benötigte Zeitdauer τ, gerechnet vom Verbrennungsbeginn des Teilchens 1 an.

Man erkennt, daß die τ-Kurve ziemlich scharf umwendet an einer Stelle, die in der Abbildung durch einen Kreis (J) hervorgehoben ist. Vor Erreichung dieses Zeitpunkts steigt die Temperatur des Teilchens 2 nur ganz langsam, fast gar nicht an. Danach aber wird die Temperatur des Teilchens 2 rasch höher, bis dann — irgendwo zwischen den beiden Sternchen — die Zündtemperatur erreicht wird. Die Zeitdauer vor Erreichung von J, in der also das Teilchen 2 noch kaum wärmer wird, beträgt etwa 80—17 %, für die mittleren Verhältnisse der Beispiele 3, 4 und 5 in Teil III etwa 30 % der Zeit, die bis zum Zünden des Teilchens 2 verstreicht. In dieser ersten Periode des Wärmeübertragungsvorgangs ist also das Teilchen 2 vom Teilchen 1 so gut wie gar nicht beeinflußt, und es ist ganz gleichgültig, welche Temperaturen in dieser Periode das Teilchen 1 aufweist. Auch wenn das Teilchen 1 nicht die rechnungsgemäßen Temperaturen A, B, C erzeugt haben sollte,

* In Gl. (17) müßte eigentlich auf der linken Seite eine arithmetische Reihe stehen [s. die analoge Ableitung der Gl. (14)], von der hier einfachheitshalber nur das erste Glied berücksichtigt worden ist. In Abb. 9 ist jedoch die U-Kurve unter Berücksichtigung mehrerer Glieder eingezeichnet worden.

sondern nur die viel niederen Temperaturen a, b, c, dann kann im zweiten Fall auch nicht weniger Wärme auf Teilchen 2 übertragen werden als keine, wie dies im ersten Fall, wenigstens beinahe, Tatsache gewesen ist. Allerdings zum Zeitpunkt J muß das Teilchen 1 die rechnungsgemäße Temperaturverteilung (z. B. $d = D$) erreicht haben, denn in der nach dem Zeitpunkt J liegenden Periode ist die Wärmeübertragung auf Teilchen 2 im vollen Gange.

Zusammenfassend kann man folgendes feststellen: das Anfangsstadium bei der Verbrennung eines Teilchens, das nach den obigen Ausführungen von der in unserer Rechnung verwendeten mathematischen Funktion wahrscheinlich nicht entsprechend dem wahren physikalischen Verlauf beschrieben wird, ist gleichzeitig beinahe einflußlos auf die Fortpflanzung der Verbrennung; infolgedessen bleibt die Abweichung der Rechnung von der Wirklichkeit nur geringfügig. Dabei darf das genannte „Anfangsstadium" 17—80% der Zeitdauer betragen, die zur Übertragung der Verbrennung auf das nächstfolgende Teilchen notwendig ist, je nach der Höhe der Zündtemperatur.

b) In den Ausführungen des Kap. 3 wurde die vorläufige Annahme gemacht, daß innerhalb der Verbrennungszone die einzelnen Teilchen sich nicht gegeneinander bewegen. Es ist die Frage, welche Änderungen demgegenüber dadurch hervorgebracht werden, daß in Wirklichkeit eine lebhafte Bewegung der Teilchen mit etwa im Mittel 2—3 m/sek, maximal 5—6 m/sek Geschwindigkeit vorhanden ist.

Eine präzise Antwort auf diese Frage könnte nur eine mathematische Behandlung geben, die weit über den Rahmen dieser Arbeit hinausginge. Der Verfasser glaubt aber, daß folgende Gesichtspunkte immerhin eine ungefähre Einschätzung des Einflusses der Verwirbelung erlauben:

1. Von Einfluß auf das Wärmegefälle und damit die Verbrennung sind naturgemäß nur diejenigen Komponenten der Teilchenbewegung, die in der Richtung der Verbrennung, also der bisher als x-Richtung bezeichneten, liegen. Luftbewegungen senkrecht dazu sind wirkungslos, da sie sich auf Flächen gleicher Temperatur abspielen.

2. Aus den obengenannten Werten der Wirbelgeschwindigkeit der Gemischteilchen einerseits und der Tatsache, daß andererseits die Geschwindigkeit des Fortschreitens der Verbrennung im laufenden Motor sich in der Größenordnung von 10—25 m/sek bewegt, geht hervor, daß in der Zeit, in der die Verbrennung sich um den Teilchenabstand l vorwärts bewegt hat, ein Teilchen unter dem Einfluß der Verwirbelung erst einen Weg von 8 höchstens 60% von l zurückgelegt haben kann. Eine vollkommene Veränderung des Temperaturgefälls, etwa eine gänzliche Umkehrung des Richtungssinns oder dergleichen, ist also infolge des Einflusses der Verwirbelung nicht zu erwarten.

3. Es ist nicht möglich, daß die einzelnen Gemischteilchen gänzlich regellose und voneinander unabhängige Bewegungen innerhalb eines so engen Raums ausführen, wie es die jeweils gerade zur Entzündung kommende Zone ist; denn infolge der Zähigkeit des Gases ist der relativen Bewegung voneinander dicht benachbarter Gemischteilchen eine

Grenze gesetzt. Jedes Teilchen hat das Bestreben, seine benachbarten Teilchen gewissermaßen mitzunehmen, und dieser Umstand gleicht die Geschwindigkeiten der einzelnen Teilchen an einer bestimmten Stelle rasch einander an. An dicht aneinanderliegenden Punkten der Flammenfront ist infolgedessen auch der Einfluß der Verwirbelung auf die Verbrennungsfortpflanzung nicht sehr verschieden.

4. Aus diesen Gründen ist anzunehmen, daß die Temperaturverteilungskurven bei einem verwirbelten System in ihrem allgemeinen Verlauf nicht sehr verschieden von denjenigen sind, die für ein unverwirbeltes System als Ergebnis der Rechnung gefunden wurden. Ebenso wahrscheinlich ist aber, daß diese Kurven infolge der Bewegung der Gemischteilchen gewissermaßen Buckel und kleinere Unregelmäßigkeiten aufweisen; diese rühren eben daher, daß von den in der Zone des Temperaturgefälls liegenden Gemischteilchen immer wieder das eine oder andere durch die Verwirbelung aus seiner Umgebung herausgeschoben und an eine andere Stelle befördert wird, wobei dann die neue Umgebung des Teilchens eine andere Temperatur hat wie seine alte, an die es seine eigene Temperatur angeglichen hatte. Es frägt sich, wie sich das auf die Ausbreitung der Verbrennung auswirkt. In Abb. 10 sei $a - a$ der Verlauf eines Stücks Temperaturkurve zur Zeit $\tau = \tau_I$, und zwar für den Fall feststehender Teilchen. Nach einer kurzen Zeit wird die Kurve sich auf den Verlauf $b - b$ gesenkt haben (vgl. z. B. Abb. 5); letzterer Zustand sei zum Zeitpunkt $\tau = \tau_{II}$ erreicht. Wenn man sich nun vorstellt, daß zwischen τ_I und τ_{II} die Verwirbelung einsetzt, so wird dann nicht die Temperaturverteilung $b - b$ erreicht, sondern eine unregelmäßigere Verteilung, etwa vom Charakter $c - c$, die dadurch entstanden ist, daß gewisse Teilchen durch die Verwirbelung ihren Platz vertauscht haben. Frägt man sich nun, wie für den vom Zeitpunkt τ_{II} an gerechneten weiteren Verlauf der Temperaturausgleichung sich die beiden Verteilungen $b - b$ und $c - c$ unterscheiden, so kann folgende Betrachtungsweise wenigstens zu einer qualitativen Antwort führen:

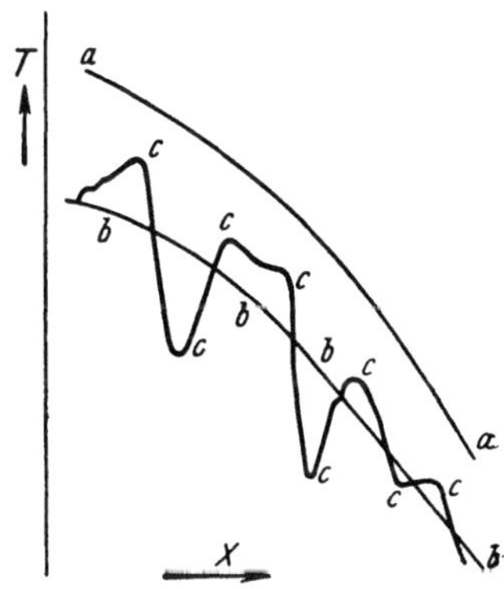

Abb. 10. Einfluß der Verwirbelung auf die Kurve des Temperaturgefälls.

Die Differentialgleichung der Wärmeleitung

$$\frac{\partial \Theta}{\partial \tau} = a \cdot \frac{\partial^2 \Theta}{\partial x^2}$$

sagt aus, daß die Temperatur einer bestimmten Stelle sich um so rascher verändert, je stärker die Temperaturkurve an der betrachteten Stelle ihre Richtung ändert. Nun zeigt eine einfache mathematische Überlegung, daß eine unregelmäßige, mit vielen Buckeln behaftete Kurve im Durchschnitt stärkere und heftigere Richtungsänderungen, also höhere Differentialquotienten $\frac{\partial^2 \Theta}{\partial x^2}$ aufweist als eine regelmäßige glatte Kurve. Es wird also die Temperatur beim Kurvenzug $c - c$ sich an den meisten

Stellen rascher ändern wie beim Kurvenzug $b - b$. Eine raschere Temperaturänderung bedeutet aber in unserem System, daß die ursprünglich vorhandene steile Temperaturverteilung sich rascher abflacht, daß die Temperaturverteilung also rascher an Ausdehnung in der x-Richtung gewinnt. Die an Abb. 10 sich anschließenden Betrachtungen führen also zu dem als Erfahrungstatsache bekannten Ergebnis, daß die Verwirbelung des Gemischs die Weiterleitung der Wärme begünstigt und somit die Ausbreitung der Verbrennung beschleunigt.

c) Wie bereits zu Beginn des Kap. 3 erwähnt, muß man sich unter dem Abstand l zwischen zwei brennbaren Teilchen einen statistischen Mittelwert von sehr vielen vorkommenden, voneinander verschiedenen Teilchenabständen vorstellen. Es ist nicht möglich, etwa aus der Verbrennungsgeschwindigkeit rechnerische Rückschlüsse auf die absolute Größe von l zu ziehen. Vielleicht führt aber folgender Gedankengang zu einem richtigen Begriff von der Größenordnung von l:

Ein brennbares Teilchen im Sinn der vorliegenden Abhandlung besteht nicht nur aus einem Molekül oder einer Molekülgruppe des Brennstoffs[1], sondern aus der Kombination eines solchen mit einer zu seiner Verbrennung ausreichenden Anzahl von Sauerstoffmolekülen. Nun ist in einem mechanischen Gemenge, wie es die Brennstoffgemische im Motorenzylinder sind, in der gegenseitigen Anordnung der Moleküle von Brennstoff, Sauerstoff und den beigemengten inerten Gasen keine Regelmäßigkeit zu erwarten, vielmehr wird die bei der Verbrennung durch das Gemisch fortschreitende Flammenfront bald auf das eine, bald auf das andere dieser Moleküle stoßen. Bei diesem Vorwärtsschreiten der Flammenfront kann aber eine Verbrennung neuerfaßter Teilchen nur in dem einen Fall eintreten, daß von der Zone hoher Temperatur eine Kombination eines Brennstoffmoleküls mit einem oder mehreren Sauerstoffmolekülen ergriffen wird, die durch entsprechende örtliche gegenseitige Annäherung und vielleicht auch noch infolge von irgendwelchen anderen erfüllten Vorbedingungen gerade imstande sind, miteinander zu reagieren. Es ist klar, daß dieser Fall im Durchschnitt sehr viel seltener eintreten wird, als der, daß ein einzelnes Brennstoff- oder ein einzelnes Sauerstoffmolekül in die sich vorschiebende Front des Bereichs hoher Temperatur gerät. Infolgedessen ist der Abstand zweier wirklich „brennbarer" Teilchen im obigen Sinn wahrscheinlich sehr viel größer als es der mittlere Abstand zweier Moleküle ist, und es ist denkbar, daß er in der Größenordnung von 0,1 mm ist, wie ihn Nusselt in seiner Arbeit: „Die Zündgeschwindigkeit brennbarer Gasgemische[2]" findet, eine Angabe, die übereinstimmt mit Beobachtungen an der Bunsenflamme[3]. Diejenigen Brennstoff- und Sauerstoffmoleküle, die ohne

[1] Bei technischen Brennstoffen, die nicht, wie z. B. das Benzol, eine chemische Verbindung sind, kommen die Moleküle der einzelnen chemischen Verbindungen, aus denen sie sich zusammensetzen, in Betracht.

[2] Z. V. d. I. 1915, S. 872.

[3] Allner: Verbrennungsgeschwindigkeit und Gasgleichgewicht. Z. V. d. I. 1927, S. 411. Hier s. S. 415 unten u. S. 416 oben.

gegenseitige Reaktion tiefer in die Zone der hohen Temperatur hineingeraten sind, werden meist zu einem späteren Zeitpunkt noch in eine gegenseitige Konstellation geraten, die zu ihrer Verbrennung führt; auf die Fortpflanzung der Verbrennung, für die ja die Vorgänge an der Front der Zone hoher Temperatur ausschlaggebend sind, sind sie dann ohne Einfluß (abgesehen von den in Teil II behandelten Wirkungen). Dabei ist zu erwarten, daß die Häufigkeit der Verbrennungen von der Front aus gegen das Innere der Zone hoher Temperatur zu immer geringer wird, weil durch die Verbrennungen vieler Teilchen allmählich die Zahl der noch übriggebliebenen unverbrannten Moleküle immer geringer wird und daher die Häufigkeit der Bildung reaktionsfähiger Konstellationen abnimmt, je weiter man den Vorgang ins Innere der heißen Zone hinein verfolgt. Auf diese Weise entsteht eine ziemlich breite Zone, innerhalb deren Verbrennungen stattfinden. Bei den Verbrennungsversuchen in Glasröhren[1] zeigen sich auch auf den photographischen Aufnahmen an der Stelle der Verbrennung ziemlich breite helle Zonen. Vielleicht sind diese durch die genannte Vorstellung zu erklären, wenn auch kein Zweifel besteht, daß hier gleichzeitig die Abkühlungserscheinungen eine große Rolle spielen.

5. Die Geschwindigkeit w_l der auf Wärmeleitung beruhenden Fortpflanzung der Verbrennung.

a) Begriff der Geschwindigkeit w_l. b) Abhängigkeit der Geschwindigkeit von der Temperatur des Gemischs. c) Abhängigkeit der Geschwindigkeit von der Dichte des Gemischs. Bei b) und c) Prüfung der Übereinstimmung mit der Erfahrung und mit der Nusseltschen Theorie der Verbrennungsausbreitung.

a) Die Geschwindigkeit, mit der sich die Verbrennung durch das Gemisch in radialer Richtung fortpflanzt, sei mit w_l bezeichnet; der Zeiger l bedeute, daß nur die durch die Wärmeleitung bewirkte Fortpflanzungsgeschwindigkeit betrachtet wird, im Gegensatz zu anderen, an späterer Stelle zu behandelnden Geschwindigkeiten. w_l ist gleich dem Quotienten aus dem Teilchenabstand l durch die Zeit τ_l, die zwischen den Zündzeitpunkten zweier benachbarter Teilchen verstreicht, innerhalb deren also die Verbrennung den Teilchenabstand l zurückgelegt hat.

$$w_l = \frac{l}{\tau_l} \tag{18}$$

Zwischen der mit Gl. (13) eingeführten Hilfsgröße

$$u = \frac{l}{\sqrt{4a\,\tau_l}}$$

und w_l besteht die Beziehung

$$u^2 = \frac{l \cdot l}{4a \cdot \tau_l} = \frac{l}{4a} \cdot w_l \quad \text{oder} \quad w_l = \frac{4a}{l} \cdot u^2. \tag{19}$$

[1] Z. B. Mallard u. Le Chatelier: s. Fußnote S. 4; Dixon: Über Explosionswellen; Berichte der Deutschen Chem. Gesellschaft 1905, S. 2419.

b) Es wird das Verhalten eines bestimmten brennbaren Gemischs betrachtet in zwei Fällen I und II, die sich dadurch unterscheiden, daß die Anfangstemperatur T_g verschieden sein soll, während die Zündtemperatur T_z und der Teilchenabstand l derselbe sei; die Verbrennungstemperatur soll in beiden Fällen gleich hoch über der Anfangstemperatur liegen, wie dies — gleichen Heizwert des Gemischs in beiden Fällen vorausgesetzt — auch in Wirklichkeit ziemlich genau der Fall ist; also

$$T_{v\,\mathrm{I}} - T_{g\,\mathrm{I}} = T_{v\,\mathrm{II}} - T_{g\,\mathrm{II}}. \tag{20}$$

Wie verhalten sich in beiden Fällen die Fortpflanzungsgeschwindigkeiten w_l?

Nach Gl. (14) gilt, wenn nur das erste Glied der Reihe berücksichtigt wird:

$$\frac{T_{z\,\mathrm{I}} - T_{g\,\mathrm{I}}}{T_{v\,\mathrm{I}} - T_{g\,\mathrm{I}}} \cdot \sqrt{\pi} = u_{\mathrm{I}} \cdot e^{-u_{\mathrm{I}}^2} \sim \text{für Fall I}$$

$$\frac{T_{z\,\mathrm{II}} - T_{g\,\mathrm{II}}}{T_{v\,\mathrm{II}} - T_{g\,\mathrm{II}}} \cdot \sqrt{\pi} = u_{\mathrm{II}} \cdot e^{-u_{\mathrm{II}}^2} \sim \text{für Fall II}.$$

Durch Division erhält man, wenn man noch Gl. (20) heranzieht:

$$\frac{T_{z\,\mathrm{I}} - T_{g\,\mathrm{I}}}{T_{z\,\mathrm{II}} - T_{g\,\mathrm{II}}} = \frac{u_{\mathrm{I}}}{u_{\mathrm{II}}} \cdot e^{u_{\mathrm{II}}^2 - u_{\mathrm{I}}^2} = \frac{u_{\mathrm{I}}}{u_{\mathrm{II}}} \cdot e^{u_{\mathrm{I}}^2 \cdot \left(\frac{u_{\mathrm{II}}^2}{u_{\mathrm{I}}^2} - 1\right)}; \quad \text{oder, nach Gl. (19),}$$

$$= \sqrt{\frac{w_{l\,\mathrm{I}}}{w_{l\,\mathrm{II}}}} \cdot e^{u_{\mathrm{I}}^2 \cdot \left(\frac{w_{l\,\mathrm{II}}}{w_{l\,\mathrm{I}}} - 1\right)}. \tag{21}$$

Durch Logarithmieren erhält man:

$$0{,}434 \cdot u_{\mathrm{I}}^2 \cdot \left(\frac{w_{l\,\mathrm{II}}}{w_{l\,\mathrm{I}}} - 1\right) + \frac{1}{2} \log\left(\frac{w_{l\,\mathrm{I}}}{w_{l\,\mathrm{II}}}\right) - \log\left(\frac{T_{z\,\mathrm{I}} - T_{g\,\mathrm{I}}}{T_{z\,\mathrm{II}} - T_{g\,\mathrm{II}}}\right) = 0, \tag{22}$$

wobei voraussetzungsgemäß noch $T_{z\,\mathrm{I}} = T_{z\,\mathrm{II}} = T_z$ sein soll.

Gl. (22) gibt also die Abhängigkeit des Geschwindigkeitsverhältnisses $\frac{w_{l\,\mathrm{II}}}{w_{l\,\mathrm{I}}}$ von den Anfangstemperaturen $T_{g\,\mathrm{I}}$ und $T_{g\,\mathrm{II}}$ an; vorausgesetzt ist, daß man die Zündtemperatur T_z kennt, sowie daß von einem der beiden verglichenen Zuständen die Größe u bekannt ist; letztere ist aber aus Gl. (14) und der Tabelle auf S. 19 ohne weiteres zu ermitteln.

In Abb. 11 ist diese Abhängigkeit graphisch dargestellt. Hierbei ist die Geschwindigkeit für einen Fall I, der als Grundlage des jeweiligen Vergleichs gewählt wird, immer gleich 1 gesetzt. Es sind mehrere Kurven eingezeichnet, deren jede einem anderen Vergleichzustand I, also auch einem anderen Wert u_{I} oder auch [Gl. (14)] einem anderen Wert $\left(\frac{T_z - T_g}{T_v - T_g}\right)_{\mathrm{I}}$ entspricht. Diesen Wert muß man vor Benutzung der Kurventafel für den Vergleichszustand I berechnen. Die Abszisse bedeutet den Abstand der Temperatur des Gemischs von der Zündtemperatur $(T_z - T_g)$ in der Darstellung, daß dieser für den Zustand I gleich 100% gesetzt ist. Wenn nun der Abstand von der Zündtemperatur $(T_z - T_g)$ jetzt auf 90, 80, 70, ... % des ursprünglichen verkleinert wird, dann erhöht sich die Geschwindigkeit w_l gegenüber der im Zustand I vorhandenen Geschwindigkeit entsprechend der Kurve. Die Ordinate gibt dabei einen Faktor α an, der ausdrückt, um wieviel w_l zugenommen hat nach der Gleichung:

$$w_{l\,\mathrm{II}} = \alpha \cdot w_{l\,\mathrm{I}}. \tag{22a}$$

Zu bemerken ist noch, daß die ganzen Rechnungen dieses Abschnitts und daher auch die Angaben der Kurventafel Abb. 11 auf die Gl. (14) zurückgehen, bei der, wie erwähnt, nur ein Glied der Reihe verwendet wurde. Infolgedessen ist eine Ungenauigkeit entstanden, die in der Kurventafel für die Kurven, deren $\left(\frac{T_z - T_g}{T_v - T_g}\right)_\mathrm{I}$ größer als etwa 0,20 bis 0,25 ist, von einiger Größe ist.

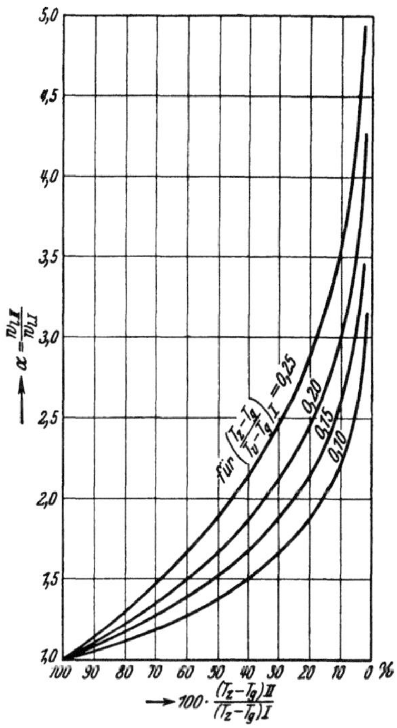

Abb. 11. Fortpflanzungsgeschwindigkeit, abhängig von der Gemischtemperatur.

Vergleicht man die Ergebnisse der vorangegangenen Rechnung mit der experimentellen Erfahrung, die über die Abhängigkeit der Fortpflanzungsgeschwindigkeit w_l der Verbrennung von der Gemischtemperatur vorliegt, so ist es notwendig, sich darüber klar zu werden, bei welcher Art von Versuchen man denn diese Geschwindigkeit wirklich messen kann. Wenn man (s. Abb. 12) röhrenförmige Räume mit Gemisch füllt, und an der mit einem Kreuz bezeichneten Stelle die Zündung einleitet, so ist es ein großer Unterschied, ob man den Raum auf der Seite der Zündung offen läßt (*A*) oder schließt (*B*). Nur im ersten Fall erhält man diejenigen Verhältnisse, die den bisherigen Betrachtungen zugrunde gelegt sind; hier bleibt nämlich der Druck im ganzen Raum infolge der vorhandenen Abströmöffnung immer derselbe, und das erste Teilchen unverbrannten Brennstoffs, das gezündet wird, befindet sich im Augenblick der Entzündung in genau demselben Zustand wie das letzte. Die erzeugten heißen Verbrennungsgase strömen durch die Öffnung ab. Im Fall *B* dagegen drängen die links entstehenden heißen Verbrennungsgase infolge ihres gewachsenen Volumens die noch nicht verbrannten Teilchen des Gemischs zurück gegen das dem Zündungspunkt entgegengesetzte Gefäßende. Der Druck und, infolge der Verdichtungswärme, auch die Temperatur des unverbrannten Teils steigen, dessen Zustand infolgedessen in jedem Stadium des Verbrennungsvorgangs ein anderer ist. Der Fall *B* ist der im Motor in Wirklichkeit sich abspielende Fall; er soll an späterer Stelle (Teil II und III) behandelt

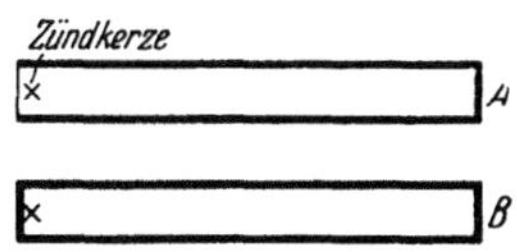

Abb. 12. Längliche Gefäße für Verbrennungsversuche.

werden. Bisher ist aber nur die Fortpflanzung der Verbrennung durch Wärmeleitung in einem Gemisch, dessen Zustand während der Verbrennung gleichbleibt, behandelt worden; infolgedessen sind — ohne Umrechnung — nur Versuche nach Fall *A* zur Nachprüfung der bisherigen rechnerischen Ergebnisse geeignet.

Derartige Versuche haben Mallard und Le Chatelier angestellt und das Ergebnis in ihrer öfters angeführten Arbeit berichtet. Sie haben auch die Abhängigkeit der Fortpflanzungsgeschwindigkeit von der Temperatur des Gemischs untersucht und geben folgendes als Versuchsergebnis an:

In einem Glasrohr, dessen eines Ende offen und dessen anderes Ende geschlossen war, war ein Gemisch von 30 Volumenprozent H_2 und 70 % Luft eingeschlossen. Die Zündtemperatur eines solchen Gemischs lag nach Versuchen, über die sie an etwas früherer Stelle der Abhandlung berichten, zwischen 539 und 577 °C, im Mittel also bei 558 °C. Der Versuch ergab bei einer Temperatur des Gemischs von 15 °C eine Fortpflanzungsgeschwindigkeit von 3,28 m/sek, bei 100 °C eine Fortpflanzungsgeschwindigkeit von 4,35 m/sek.

Die Steigerung der Geschwindigkeit infolge der Vorwärmung betrug also, bezogen auf den ersten Versuch, 32,6 %.

Unsere Rechnung ergibt folgendes: Die Verbrennungstemperatur t_v ist bei diesem Gemisch ca. 2200 ° C (Verbrennung bei gleichbleibendem Druck). Man findet für den ersten Versuch (15 ° Gemischtemperatur)

$$\frac{t_z - t_g}{t_v - t_g} = \frac{558 - 15}{2200 - 15} = 0{,}25 \left(= \frac{T_z - T_g}{T_v - T_g}\right).$$

In Abb. 11 ist also die für $\frac{T_z - T_g}{T_v - T_g} = 0{,}25$ gültige Kurve zu verwenden. Im zweiten Fall (100 ° Gemischtemperatur) hat sich die Temperatur $t_z - t_g$ von $558 - 15 = 543°$ auf nun $558 - 100 = 458°$, d. h. auf $458/543 \cdot 100 = 84{,}5$ % des Wertes beim ersten Versuch vermindert. Nach Kurventafel Abb. 11 ist dann im zweiten Fall die Geschwindigkeit um 23 % größer wie im ersten. Das stimmt einigermaßen der Größenordnung nach, wenn auch nicht besonders genau, mit dem gemessenen Wert von 32,6 % überein. Die Übereinstimmung wird jedoch besser, wenn man annimmt, daß die Verbrennungstemperatur in der relativ engen Glasröhre infolge von Wärmeverlusten niedriger geblieben ist wie die theoretische Temperatur von 2200 °; zu einer derartigen Annahme ist man um so mehr berechtigt, als Mallard und Le Chatelier an früherer Stelle selbst angeben, daß man bei derartigen Glasröhren den Einfluß des Durchmessers auf die Verbrennungsgeschwindigkeit deutlich bemerken konnte, ein Umstand, der sehr wahrscheinlich durch verschieden hohe Wärmeverluste zu erklären ist. Wenn z. B. die Verbrennungstemperatur nur 1800 ° C gewesen sein sollte, so ergibt die Rechnung für den zweiten Fall eine Steigerung der Geschwindigkeit von 31 %, also beinahe den gemessenen Wert.

Umfangreiche Versuche über die Abhängigkeit der Fortpflanzungsgeschwindigkeit hat auch Nägel[1] angestellt. Allerdings gehören seine

[1] Nägel: Versuche über die Zündgeschwindigkeit explosibler Gasgemische. Mitt. üb. Forschungsarbeiten, H. 54.

Versuche zu denen, die im geschlossenen Verbrennungsraum nach Abb. 12*B* ausgeführt wurden. Infolgedessen ist eine etwas weiter ausholende Rechnung notwendig, wenn man aus dem dort niedergelegten Versuchsmaterial speziell den Einfluß der Gemischvorwärmung herausschälen will. In Teil III, Beispiel 1 und 2 ist diese Rechnung durchgeführt worden; die Übereinstimmung zwischen Rechnung und Beobachtung wurde dabei als ziemlich befriedigend gefunden.

Eine Theorie der auf Wärmeleitung beruhenden Verbrennungsausbreitung stammt von Nusselt[1]. Ohne daß hier weiter allgemein untersucht sei, inwiefern die Nusseltsche Behandlung des Problems in ihren Voraussetzungen von den in der vorliegenden Arbeit gewählten Ausgangspunkten abweicht, sei die an dieser Stelle sich bietende Gelegenheit benutzt, die Übereinstimmung mit den Ergebnissen Nusselts an einem Beispiel zu prüfen. Nusselt gibt als Beispiel für ein Gemisch von 20 Raumteilen Wasserstoff und 100 Raumteilen Luft die Geschwindigkeit der linearen Ausbreitung an für den Fall verschiedener Temperaturen des Gemischs. Beim Vergleich mit den vorliegenden Formeln muß darauf Rücksicht genommen werden, daß diese infolge der Vernachlässigung der weiteren Glieder der Reihe in Gl. (14) (siehe den zweiten Absatz S. 29 oben) nur für solche Gemischtemperaturen genügend genau sind, die nicht allzu weit von der Zündtemperatur entfernt sind. Aus diesem Grund sollen die ersten der von Nusselt innerhalb sehr weiter Grenzen angegebenen Gemischtemperaturen unberücksichtigt bleiben. Nimmt man als Vergleichsgrundlage (Zustand I der obigen Rechnung) nach Nusselt an, daß die Geschwindigkeit bei $T = 638^0$ abs. $w_l = 6{,}06$ m/sek betrage, so ergeben sich dann, wenn man die Gemischtemperatur gegen die $T_z = 903^0$ abs. betragende Zündtemperatur hin steigen läßt, folgende Geschwindigkeiten w_l:

Gemischtemperatur . .	638	803	877	903	Grad abs.
w_l nach Nusselt . .	6,06	13,36	29,35	∞	m/sek
w_l nach vorliegender Arbeit	6,06	11,6	17,0	∞	m/sek

Die Formeln der vorliegenden Arbeit ergeben demnach eine geringere Zunahme der Geschwindigkeit mit steigender Gemischtemperatur als die von Nusselt; die Abweichung wird aber erst groß, wenn man sich weit von der Vergleichstemperatur entfernt.

c) Zwischen der Dichte γ und dem Teilchenabstand l (s. Kap. 3) besteht folgende Beziehung: Man denke sich die brennbaren Teilchen in regelmäßiger Anordnung über den Verbrennungsraum verteilt, etwa so, daß man sich den Verbrennungsraum in lauter aneinanderstoßende gleich große Würfel eingeteilt denkt, in deren Mittelpunkten je ein brennbares Teilchen liegt. Die Seitenlänge eines solchen Würfels ist dann l. Die Zahl der vorhandenen Teilchen sei gegeben gleich n; dann ist das gesamte Volumen, das die gegebenen Teilchen einnehmen,

[1] Nusselt: Die Zündgeschwindigkeit brennbarer Gasgemische. Z. V. d. I. 1915, S. 872.

$V = n \cdot l^3$. Das Gewicht der gegebenen Anzahl von Teilchen sei G. Dann gilt für die Dichte

$$\gamma = \frac{G}{V} = \frac{G}{n \cdot l^3} \qquad \text{oder} \qquad l = \sqrt[3]{\frac{G}{n} \cdot \frac{1}{\gamma}}, \tag{23}$$

d. h. bei einem bestimmten Gemisch ist die Dichte umgekehrt proportional der dritten Potenz des Teilchenabstandes.

Die Aufgabe ist folgende: Eine bestimmte Gemischmenge (Teilchenanzahl gegeben) habe zu Beginn der Verbrennung in Fall I die Dichte γ_I, in Fall II die Dichte γ_{II}. Die Zündtemperatur T_z und die Verbrennungstemperatur T_v sei in beiden Fällen gleich. Die Temperatur T_g sei in beiden Fällen ebenfalls dieselbe; aus dieser Bedingung und aus der Zustandsgleichung der Gase geht dann hervor, daß die Drücke des Gemischs in beiden Fällen verschieden sein müssen und sich verhalten wie die Dichten. Wie verhält sich in beiden Fällen die Geschwindigkeit w_l?

Da die Anfangstemperatur T_g in beiden Fällen dieselbe ist, ist auch in beiden Fällen die Größe u dieselbe [s. Gl. (14)]. Infolgedessen gilt

$$u_I^2 = u_{II}^2 \qquad \text{oder nach Gl. (19)} \tag{24}$$

$$w_I \cdot \frac{l_I}{a_I} = w_{II} \cdot \frac{l_{II}}{a_{II}}$$

oder nach Gl. (23), da bei Fall I und II die Menge des Gemischs dieselbe, also $G_1 = G_2$ und $n_1 = n_2$

$$\frac{w_I}{w_{II}} = \frac{a_I}{a_{II}} \cdot \frac{l_{II}}{l_I} = \frac{a_I}{a_{II}} \cdot \sqrt[3]{\frac{\gamma_I}{\gamma_{II}}}. \tag{25}$$

Setzen wir annahmeweise $a_I = a_{II}$, so erhält man

$$\frac{w_I}{w_{II}} = \sqrt[3]{\frac{\gamma_I}{\gamma_{II}}} = \beta. \tag{26}$$

Demnach wird also, falls $a_I = a_{II}$, mit zunehmender Dichte die Geschwindigkeit größer, wenn auch in ziemlich geringem Maße. — Der durch Gl. (26) definierte Faktor β wird an späterer Stelle noch eine Rolle spielen.

Es ist aber die Frage, ob man wirklich $a_I = a_{II}$ setzen darf. Rein rechnerisch ist die Frage zu verneinen, weil in der Temperaturleitfähigkeit a selbst wieder die Dichte γ enthalten ist; denn a ist definiert durch

$$a = \frac{\lambda}{c \cdot \gamma} \quad \text{[s. unter Gl. (1)].}$$

Berücksichtigt man dies und setzt man zunächst die Leitfähigkeit λ (und die spezifische Wärme c) in beiden Fällen einander gleich, so erhält Gl. (25) dadurch die Form

$$\frac{w_I}{w_{II}} = \frac{\gamma_{II}}{\gamma_I} \cdot \sqrt[3]{\frac{\gamma_I}{\gamma_{II}}} = \left(\frac{\gamma_{II}}{\gamma_I}\right)^{2/3}. \tag{27}$$

Nach dieser Formel würde also im Gegensatz zu Gl. (26) die Geschwindigkeit mit zunehmender Dichte abnehmen.

Im folgenden soll untersucht werden, welche der beiden Gl. (26) oder (27) das größere Vertrauen verdient.

Die ganzen bisherigen rechnerischen Ableitungen gehen auf die Vorstellung zurück, daß die Wärmeleitung in einem Gasgemisch, das rasch verbrennt, ähnlich vor sich geht, wie in einem homogenen festen Körper (s. Kap. 3 und 4). Gas ist aber in Wirklichkeit ein aus vielen einzelnen Molekülen bestehender, also ein disperser Körper; mag auch im allge-

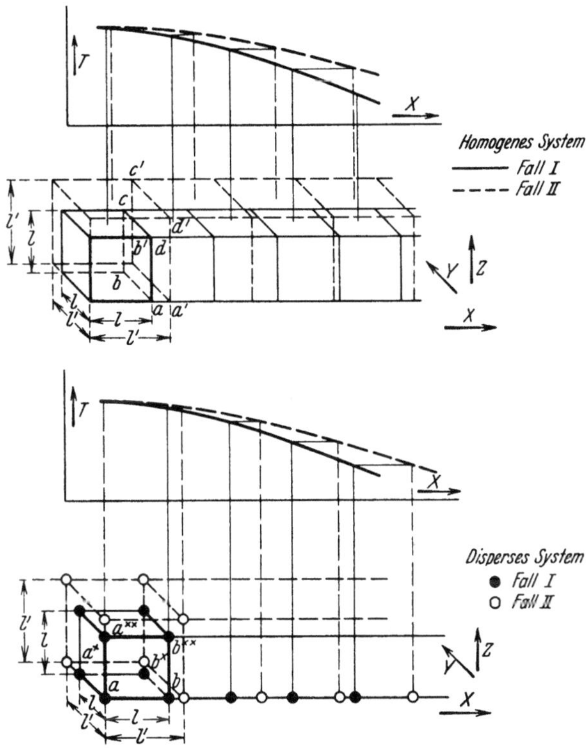

Abb. 13a u. b. Einfluß einer Dichteänderung auf den Wärmeleitungsvorgang.

meinen unter den besonderen bei rascher Verbrennung vorliegenden Verhältnissen zwischen dem thermischen Verhalten beider Körper eine weitgehende Ähnlichkeit bestehen (was der Verfasser aus den in Kap. 3 und 4c angeführten Gründen vermutet), so hört diese doch auf in dem Fall, wenn man gerade eine Dichteveränderung betrachtet; denn eine solche beeinflußt bei einem dispersen Körper die Wärmeübertragungsmöglichkeiten in grundsätzlich anderer Weise, wie sie es bei einem homogen gedachten Körper tut. Folgender Vergleich möge dies zwar nicht beweisen, aber doch anschaulich machen:

Die Abb. 13a zeigt eine Anzahl von aneinandergereihten Würfeln von der Kantenlänge l (ausgezogene Konturen), die eine voneinander verschiedene, durch die darüber eingezeichnete Temperaturkurve gekennzeichnete Temperatur aufweisen. Das Ganze sei ein Ausschnitt aus einem homogenen Körper, dessen Temperatur in der x-Richtung — und nur in dieser — verschieden ist; die Würfelwände seien nur ein Koordinatensystem und nicht etwa wirklich vorhandene Unstetigkeitsstellen. Das nämliche System soll nun in einem zweiten Fall sich auf ein größeres Volumen ausgedehnt (gestrichelte Konturen), also seine Dichte verringert haben. Die Anfangstemperatur sei dabei im Fall II für jeden Punkt des Systems dieselbe wie im Fall I (s. gestrichelte Temperaturkurve). In welchem Fall wird nun der Temperaturausgleich rascher vor sich gehen?

Im zweiten Fall ist durch die Dilatation des Systems in der x-Richtung das Temperaturgefälle flacher geworden, was zur Folge hat, daß sich die Geschwindigkeit des Temperaturausgleichs verlangsamt. Andererseits ist aber der wärmedurchflossene Querschnitt größer geworden (in Fall II z. B. a', b', c', d', statt a, b, c, d in Fall I), was die Geschwindigkeit des Temperaturausgleichs erhöht. Es frägt sich, welcher Einfluß überwiegt. Würde man quantitativ die Vorgänge verfolgen, so würde man ohne weiteres auf Gl. (27) geführt werden, da ja dieser ebenso wie dem vorliegenden Beispiel die Voraussetzung eines homogenen Systems zugrunde liegt; man käme also zu dem Schluß, daß Verringerung der Dichte die Fortpflanzungsgeschwindigkeit erhöht.

In Abb. 13b ist im Gegensatz dazu ein Ausschnitt aus einem dispersen System dargestellt, und zwar aus einem regelmäßigen System, bei dem die Teilchen in der x-, y- und z-Richtung jeweils dieselben Abstände l voneinander haben. Auch hier sei die Temperatur in der x-Richtung, und nur in dieser, verschieden, und gehorche der nämlichen Funktion wie in Abb. 13a. Die ausgezogenen Linien sollen einen Zustand I darstellen. Nun verändere in einem Fall II das System seine Dichte, indem der Teilchenabstand l sich in jeder Dimension in die größere Strecke l' verwandelt (gestrichelte Linien). Wiederum sei die Anfangstemperatur jedes Teilchens im Fall II die nämliche wie im Fall I. Analog, wie oben, wird auch hier gefragt, in welchem Fall der Temperaturausgleich rascher vor sich geht.

Das Temperaturgefälle wird auch hier im Fall II flacher als es im Fall I war, was eine Verlangsamung des Temperaturausgleichs und damit der Fortpflanzungsgeschwindigkeit bedeutet. Aber der bei Abb. 13a gezogene zweite Schluß, daß der Wärmedurchschnittsquerschnitt in Fall II größer wird, und dieser Umstand die Fortpflanzung beschleunigt, kann hier nicht gezogen werden. Denkt man sich, entsprechend den Vorstellungen der kinetischen Gastheorie, die einzelnen Teilchen in unregelmäßiger Bewegung befindlich, wobei dann bei den Zusammenstößen der Teilchen ein Energieausgleich, eine gegenseitige Temperaturannäherung der Teilchen stattfindet, so ist wohl einzusehen, daß eine größere Entfernung der Teilchen in der x-Richtung die Zahl der gegenseitigen Zusammenstöße (also etwa der Teilchen a und b oder a^* und b^* oder a^{**} und b^{**}) verringert und damit den Temperaturausgleich verlangsamt; dagegen ist nicht einzusehen, daß eine Vergrößerung der Teilchenentfernung, in der y- und z-Richtung, irgendwie die Wahrscheinlichkeit eines Zusammenstoßes von Teilchen in der x-Richtung, also zwischen a und b oder a^* und b^*, oder a^{**} und b^{**} erhöhen oder verringern sollte; sie würde nur die Häufigkeit der Zusammenstöße etwa zwischen a und a^* oder a und a^{**} ändern, was aber belanglos wäre, da diese Teilchen immer die gleiche Temperatur aufweisen. Diese Betrachtung der Vorgänge an einem dispersen System führt also zum Schluß, daß eine Veränderung des Abstandes zweier Teilchen wohl dann auf die Wärmeübertragung einwirkt, wenn sie im Richtungssinn des Wärmegefälles eintritt, daß dagegen in den Richtungen senkrecht dazu Veränderungen des Teilchenabstandes ohne Einfluß auf die Wärmeübertragung sind.

Dieser Fall ist aber durch Gl. (26) ausgedrückt, in der $a_{\mathrm{I}}/a_{\mathrm{II}} = 1$ gesetzt ist. Gl. (26) ist daher wohl als richtiger als Gl. (27) zu betrachten.

Bei den Nägelschen[1] Versuchen zeigt sich bei den Wasserstoff-Luft-Gemischen bei höheren Wasserstoffgehalten eine Zunahme der Zündgeschwindigkeit bei zunehmender Dichte des Anfangszustandes, die ziemlich der Gl. (26) entspricht. Bei ärmeren Gemischen ist die Zunahme erheblich langsamer, wobei dann allerdings ein auftretendes Heulen und Pfeifen und gleichzeitig Schwingungen der Verbrennungslinie zeigen, daß hier überhaupt eine Komplikation des Verbrennungsvorganges eingetreten ist. Bei Versuchen mit Leuchtgas und Generatorgas zeigten sich ziemlich weitgehende Unregelmäßigkeiten in der Beziehung zwischen Druck und Fortpflanzungsgeschwindigkeit, doch scheint hier die Geschwindigkeit nur sehr wenig vom Druck abhängig zu sein. Auch das von Neumann[2] untersuchte Benzin-Luft-Gemisch zeigte eine nur geringe Abhängigkeit; jedoch waren diese Versuche bei etwa 40° Anfangstemperatur durchgeführt worden, eine Temperatur, bei der das Benzin-Luft-Gemisch sich nicht rein aus Gasen, sondern aus Gasen und flussigen Teilchen zusammensetzt.

Nach der unter Ziffer b ausgeführten Theorie von Nusselt nimmt die Fortpflanzungsgeschwindigkeit der Verbrennung mit der Quadratwurzel aus dem Druck des Gemischs zu. Gegenüber der Gl. (26), die eine Zunahme mit der Kubikwurzel aus dem Druck angibt, bedeutet die Nusseltsche Formel also eine etwas stärkere Zunahme.

Eine der Gründe für die Unsicherheit dieser Abhängigkeit liegt natürlich in der Annahme, daß die Wärmeübergangsziffer λ dieselbe bleibt. Eine Beantwortung der Frage, wie diese sich in Wirklichkeit mit der Dichte ändert, ist — wenn überhaupt — nur mit Hilfe der kinetischen Gastheorie möglich. Da es sich bei den technischen brennbaren Gasgemischen um Gemische von Gasen recht verschiedener Molekülgeschwindigkeiten handelt, scheint dem Verfasser, soweit er jetzt die Aufgabe übersieht, diese Frage recht schwierig und über den Rahmen der vorliegenden Arbeit hinausgehend zu sein.

---

[1] S. Fußnote S. 30.

[2] Neumann: Untersuchung des Arbeitsprozesses im Fahrzeugmotor. Mitt. über Forschungsarbeiten, H. 79.

Für die Beispiele 3, 4 und 5 in Teil III spielt die Zunahme der Fortpflanzungsgeschwindigkeit mit zunehmender Dichte hauptsächlich im Bereiche geringer Drucksteigerungen eine praktische Rolle. Wenn man dort Gl. (26) anwendet, wird man sich wohl nicht weit von der Wirklichkeit entfernen.

II. Die Zurückdrängung des unverbrannten Gemischteils durch den verbrannten und ihre Folgen.

6. Die Verdrängungserscheinung. Berechnung ihres Einflusses auf Volumen, Druck und Temperatur des unverbrannten Teils.

Begriff der Verdrängungserscheinung. Ausgangspunkte der Rechnung. Ergebnisse. Auffindung des Faktors ω.

Die im Teil I behandelten Erscheinungen werden bei der Verbrennung im Motor oder in der Versuchsbombe durch eine zweite andere überlagert, die hier kurz mit Verdrängungserscheinung bezeichnet werden soll. Diese in der Literatur mehrfach genannte Erscheinung ist von Nägel (siehe Fußnote S. 30) analytisch behandelt worden; wenn sie hier noch einmal mathematisch verfolgt wird, geschieht das deshalb, weil gewisse physikalische Voraussetzungen und auch die Anwendungszwecke der Rechnung hier andere sind wie dort.

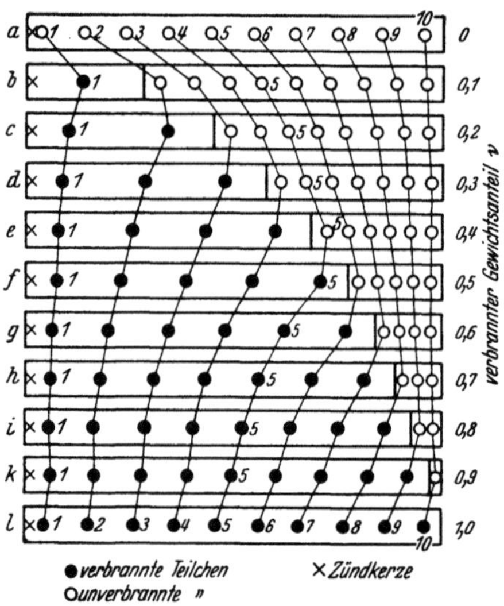

Abb. 14. Länglicher Verbrennungsraum in 10 zeitlich aufeinander folgenden Stadien der Verbrennung. Verlagerung der Teilchen infolge der Verdrängungserscheinung.

In Abb. 14 sei ein länglicher prismatischer Verbrennungsraum dargestellt. In ihm ist brennbares Gemisch enthalten, dessen Bewegungen dadurch dem Auge sichtbar gemacht werden sollen, daß in zunächst — Abb. a — untereinander gleichen (10) Abständen immer ein bestimmtes Gemischteilchen durch einen Punkt gekennzeichnet ist, und daß diese Teilchen mit Nummern versehen sind, an denen man sie in den späteren Situationen wieder erkennt. Nun werde am linken Ende gezündet; in Abb. b ist eingezeichnet, wie sich die Teilchen dann über den Raum verteilen, wenn $^1/_{10}$ der gesamten Gewichtsmenge verbrannt ist, in Abb. c, wenn $^2/_{10}$ verbrannt sind, in Abb. d, wenn $^3/_{10}$ verbrannt sind usf. Die starke Ausdehnung, die der verbrannte Gemischteil infolge seiner hohen Temperatur erleidet, drängt das noch unverbrannte

Gemisch zusammen. Sämtliche Teilchen erfahren dadurch eine Verschiebung, und die Stelle, an der sich gerade die Flammenfront, d. h. die Grenze zwischen dem verbrannten und unverbrannten Gemischteil befindet, wird mitverschoben. Das unverbrannte Gemisch nimmt so im Lauf des Verbrennungsvorganges ständig höheren Druck und namentlich auch, infolge der Verdichtungswärme, höhere Temperatur an; das aber ist, wie wir in Kap. 5 Ziff. b und c gesehen haben, von großem Einfluß auf die Fortpflanzungsgeschwindigkeit.

Für Zwecke der Berechnung ist in Abb. 15 noch einmal der Anfangszustand und der Zustand nach erfolgter Verbrennung von ν Gewichtsteilen abgebildet. Hierbei soll der Anfangszustand kurz vor der Verbrennung (beim Motor der Kompressionsendzustand) durch den Zeiger k gekennzeichnet werden. Es ist für den zweiten Zustand gleichgültig, ob wir uns die Zustandsänderung von k auf ν durch gleichzeitige Verbrennung des Gewichtsanteils ν vor sich gegangen denken, wie in

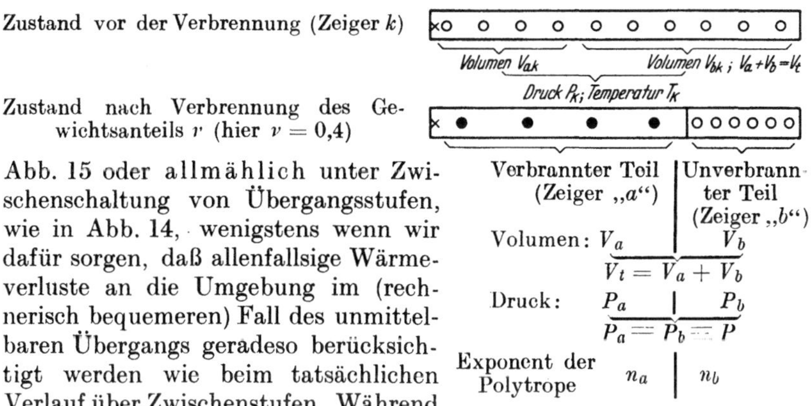

Abb. 15. Bezeichnungen.

Abb. 15 oder allmählich unter Zwischenschaltung von Übergangsstufen, wie in Abb. 14, wenigstens wenn wir dafür sorgen, daß allenfallsige Wärmeverluste an die Umgebung im (rechnerisch bequemeren) Fall des unmittelbaren Übergangs geradeso berücksichtigt werden wie beim tatsächlichen Verlauf über Zwischenstufen. Während im Zustand k alles homogen ist, weisen die Gase im Zustand ν links von der Trennungszone zwischen verbranntem und unverbranntem Teil einen anderen Zustand auf wie rechts davon, was durch Zeiger a (verbrannter Teil) und b (unverbrannter Teil) unterscheidbar gemacht ist. Dieselben Gasteilchen, die im Zustand ν mit a und b unterschieden sind, sollen diese Bezeichnung auch im Zustand k tragen.

Der Druck P ist für Teil a und b gleich groß, da in einem geschlossenen Gefäß immer Druckausgleich herrscht.

Die gesamte Ladung wiege 1 kg; dann wiegt Teil a ν kg, Teil b $(1 - \nu)$ kg.

Aus diesen Ausführungen gehen die in Abb. 15 eingetragenen Bezeichnungen der Zustandsgrößen hervor.

Die durch Verbrennung jeweils entstandene Wärmemenge Q ist proportional dem verbrannten Ladungsgewicht; wir setzen deshalb

$$Q = \omega \cdot \nu, \tag{28}$$

wobei wir den Proportionalitätsfaktor ω später [s. Gl. (52)] bestimmen wollen.

Der unverbrannte Teil b wird nach einem Gesetz verdichtet, für das wir die Gleichung der Polytrope anwenden können, wobei die Größe des Exponenten n_b davon abhängt, wieviel Wärme während des Verdichtungsvorgangs an die umgebenden Wände abgegeben wird; n_b liegt zwischen 1 und 1,4. Da der Teil b während der Verbrennung anfangs einen großen Raum einnimmt und mit dem Fortschreiten des Verbrennungsvorgangs einen immer kleineren und anders gestalteten Raum, so wird auch sein Wärmeverlust in verschiedenen Stadien der Verbrennung verschieden hoch sein; im Interesse der Einfachheit der Rechnung soll aber ein für den ganzen Vorgang gültiges n_b als Durchschnittswert eingesetzt werden.

Der Teil a erfährt infolge der Zuführung der Verbrennungswärme eine Expansion, die gleichzeitig mit einer Druckerhöhung verbunden ist, weil der von ihm verdrängte Teil b einen Rückdruck auf ihn ausübt. Dieser in der technischen Thermodynamik selten vorkommende Fall einer Zustandsänderung sei ebenfalls durch die allgemeine Gleichung der polytropischen Zustandsänderung rechnerisch erfaßt. Der Exponent n_a ist bei derartigen Zustandsänderungen, bei denen Druck und Volumen gleichzeitig wachsen, negativ.

Während also der Exponent n_b eine für jedes v gleichbleibende, von vornherein abgeschätzte Größe ist, ist der Exponent n_a unbekannt, und es ist auch nicht zu erwarten, daß er etwa für jedes v denselben Wert hätte.

Die zu lösende Aufgabe ist also die: Wenn von einem Gasgemisch, dessen Anfangszustand k bekannt ist, der Anteil v unter Entwicklung einer bestimmten Wärmemenge verbrennt, und der unverbrannte Teil nach einem bekannten Verdichtungsgesetz zusammengedrückt wird, welcher ist dann nach der Verbrennung der Zustand des verbrannten und des unverbrannten Gasteils?

Den rechnerischen Ansatz[1] kann man folgendermaßen gewinnen:

Die dem Teil a zugeführte Wärmemenge bewirkt, daß Teil a durch Zurückdrängung des Teils b eine mechanische Arbeit leistet; daher gilt für polytropische Zustandsänderung (s. z. B. Hütte 25. Aufl., 1. Bd., S. 474—76):

$$Q_a = \frac{\varkappa - n_a}{\varkappa - 1} \cdot A L_a \,, \quad \text{wobei bedeutet:} \tag{29}$$

Q_a die dem Teil a zugeführte Wärmemenge,

$\varkappa$ den Exponent der adiabatischen Zustandsänderung $= 1{,}4$,

n_a den unbekannten Exponent der vorliegenden polytropischen Zustandsänderung,

AL_a die von Teil a geleistete mechanische Arbeit.

Der mechanischen Arbeit AL_a entspricht, da sie von Teil a nur auf Teil b übertragen wird, eine dem absoluten Wert nach ebenso große Arbeit AL_b des Teils b:

$$AL_a = AL_b \,. \tag{30}$$

---

[1] Bemerkung über gewisse Vernachlässigungen im Ansatz s. S. 42.

Ebenfalls nach den Gestzen der polytropischen Zustandsänderung gilt aber für Teil b:

$$A L_b = (1 - \nu) \cdot (c_{n\,b} - c_v) \cdot (T_\varkappa - T_b), \quad \text{wobei bedeutet:} \tag{31}$$

$(\nu - 1)$ das Gewicht des Teils b,
c_v die spezifische Wärme für Zustandsänderung bei gleichbleibendem Volumen,
$c_{n\,b}$ die spezifische Wärme für polytropische Zustandsänderung, s. Gl. (35),
T_k die Temperatur des Gemischs und auch des Teils b im Anfangszustand,
T_b die Temperatur des Teils b nach erfolgter Zustandsänderung.

Setzt man nun in Gl. (29) für Q den Wert aus Gl. (28) ein, für AL_a den Wert AL_b nach Gl. (30), der wiederum aus Gl. (31) hervorgeht, so erhält man:

$$\omega \cdot \nu = \frac{\varkappa - n_a}{\varkappa - 1} \cdot (1 - \nu) \cdot (c_v - c_{n\,b}) \cdot (T_b - T_k). \tag{32}$$

Löst man diese Gleichung nach n_a auf, und bezeichnet man dabei das Temperatursteigerungsverhältnis des Teils b bei der Zustandsänderung mit

$$\vartheta_b = \frac{T_b}{T_k}, \tag{33}$$

so erhält man

$$n_a = \varkappa - \omega \cdot \frac{\varkappa - 1}{c_v - c_{n\,b}} \cdot \frac{\nu}{1 - \nu} \cdot \frac{1}{T_k} \cdot \frac{1}{\vartheta_b - 1}. \tag{34}$$

Die Größe $c_{n\,b}$ [s. Gl. (31)] ist nach Hütte, 25. Aufl., 1. Bd., S. 474 definiert mit

$$c_{n\,b} = c_v \cdot \frac{n_b - \varkappa}{n_b - 1}, \tag{35}$$

woraus man erhält:

$$\frac{\varkappa - 1}{c_v - c_{n\,b}} = (\varkappa - 1) : \left(c_v \cdot \frac{\varkappa - 1}{n_b - 1}\right) = \frac{n_b - 1}{c_v}.$$

Setzt man diesen Wert in Gl. (34) ein, so erhält man:

$$n_a = \varkappa - (n_b - 1) \cdot \frac{\omega}{c_v} \cdot \frac{\nu}{1 - \nu} \cdot \frac{1}{T_k} \cdot \frac{1}{\vartheta_b - 1}. \tag{36}$$

Für ein bestimmtes ν gibt diese Gleichung die Beziehung zwischen n_a und ϑ_b an. Um eine zweite Gleichung zwischen n_a und ϑ_b zu finden und damit die Aufgabe zu lösen, stellen wir folgende Beziehungen fest:

Für den Teil b gilt folgendes Gesetz der Temperaturzunahme abhängig von der Druckzunahme, da dort polytropische Kompression vorliegt:

$$\frac{T_b}{T_k} = \left(\frac{P_b}{P_k}\right)^{\frac{n_b - 1}{n_b}}. \tag{37}$$

Definieren wir das Druckverhältnis vor und nach der Zustandsänderung des Teils b — und, da die Drücke im ganzen Gemisch immer ausgeglichen sind, auch des Teils a — mit:

$$\pi = \frac{P_b}{P_k} = \frac{P_a}{P_k} = \frac{P}{P_k}\,, \tag{38}$$

so wird aus Gl. (37) nun die Gleichung

$$\vartheta_b = \pi^{\frac{n_b - 1}{n_b}} \quad \text{oder} \quad \pi = \vartheta_b^{\frac{n_b}{n_b - 1}}\,. \tag{39}$$

Endlich stellen wir noch fest, daß im Teil a und b, in denen beiden polytropische Zustandsänderungen (allerdings mit verschiedenen Exponenten) vor sich gehen, folgende Beziehungen zwischen Volumen und Druck vor und nach der Zustandsänderung herrschen:

$$V_a = V_{a\,k} \cdot \pi^{-\frac{1}{n_a}} \tag{40}$$

$$V_b = V_{b\,k} \cdot \pi^{-\frac{1}{n_b}}\,. \tag{41}$$

Addieren wir diese beiden Gleichungen, so erhalten wir auf der linken Seite das Volumen V_t des totalen Gemischs:

$$V_t = V_{a\,k} \cdot \pi^{-\frac{1}{n_a}} + V_{b\,k} \cdot \pi^{-\frac{1}{n_b}}\,. \tag{42}$$

Für den Anfangszustand k, in dem alles homogen ist, gilt aber, wenn wir mit γ die einheitliche Dichte des Gemischs bezeichnen:

$$\begin{aligned} V_{a\,k} &= \frac{1}{\gamma} \cdot \nu \\ V_{b\,k} &= \frac{1}{\gamma}\,(1 - \nu) \end{aligned} \quad \text{und} \quad V_t = \frac{1}{\gamma} \cdot 1\,. \tag{43}$$

Setzen wir die Werte aus Gl. (43) in Gl. (42) ein, so erhält man, da $1/\gamma$ herausfällt:

$$1 = \nu \cdot \pi^{-\frac{1}{n_a}} + (1 - \nu) \cdot \pi^{-\frac{1}{n_b}}\,. \tag{44}$$

Das π ersetzen wir durch eine Funktion von ϑ nach Gl. (39) und erhalten:

$$\begin{aligned} 1 &= \nu \cdot \vartheta_b^{-\frac{1}{n_a} \cdot \frac{n_b}{n_b - 1}} + (1 - \nu) \cdot \vartheta_b^{-\frac{1}{n_b - 1}} \\ \text{oder} \quad \vartheta_b^{-\frac{1}{n_a} \cdot \frac{n_b}{n_b - 1}} &= \frac{1}{\nu} \cdot \left[1 - (1 - \nu) \cdot \vartheta_b^{-\frac{1}{n_b - 1}} \right]. \end{aligned} \tag{45}$$

Logarithmiert man Gl. (45), und löst man die erhaltene Gleichung nach n_a auf, so ergibt sich:

$$n_a = - \frac{n_b}{n_b - 1} \cdot \frac{\log \vartheta_b}{\log \left\{ \frac{1}{\nu} - \frac{1 - \nu}{\nu} \cdot \vartheta_b^{-\frac{1}{n_b - 1}} \right\}}\,. \tag{46}$$

Durch Gl. (46) und Gl. (36) ist aber die Aufgabe lösbar, weil man aus diesen Gleichungen, allerdings nur auf dem Wege des Probierens, die Größen n_a und ϑ_b errechnen kann. Damit ist aber dann mit Hilfe der Gl. (39), (40) und (41) jede andere Zustandsgröße des Teils a und b auffindbar.

Besonders von Interesse ist dabei das Verhältnis des Volumens des verbrannten Teils V_a zum Gesamtvolumen V_t für ein bestimmtes ν. Zur Berechnung überzeugt man sich aus Gl. (39), daß

$$\pi^{-\frac{1}{n_b}} = \vartheta_b^{-\frac{1}{n_b - 1}} \tag{47}$$

und aus Gl. (43), daß

$$V_{bk} = V_t \cdot (1 - \nu). \tag{48}$$

Setzt man die Werte aus Gl. (47) und (48) in Gl. (41) ein, so erhält man:

$$\left.\begin{aligned} V_b &= V_t \cdot (1 - \nu) \cdot \vartheta_b^{\frac{1}{n_b - 1}} \quad \text{und} \\ V_a &= V_t - V_b = V_t \cdot \left[1 - (1 - \nu) \cdot \vartheta^{-\frac{1}{n_b - 1}}\right]. \end{aligned}\right\} \tag{49}$$

Nachträglich sei noch eine Bemerkung darüber eingefügt, wie man den Faktor ω [s. Gl. (28) und (36)] errechnen kann. Das Gemisch vom Gewicht 1 hat im Anfangszustand überall die Temperatur T_k, nach vollständiger Verbrennung die Verbrennungstemperatur T_v. Die ihm zugeführte Wärmemenge kann man dann durch die Gleichung ausdrücken:

$$Q = c_v \cdot (T_v - T_k). \tag{50}$$

Dabei ist die für unveränderliches Volumen gültige spezifische Wärme deshalb mit Recht gesetzt, weil bei der Kürze des Verbrennungsvorgangs das Volumen des Verbrennungsraums während der Verbrennung sich so gut wie nicht ändert.

Nehmen wir an, die ganze erzeugte Wärme sei durch Verbrennung des Gasgemischs vom Gewicht 1 entstanden, so beträgt nach der Definition von Gl. (28)

$$Q = \omega \cdot 1. \tag{51}$$

Durch Vergleich von Gl. (51) mit (50) erhält man:

$$\omega = c_v \cdot (T_v - T_k) \quad \text{oder} \quad \frac{\omega}{c_v} = T_v - T_k. \tag{52}$$

Man kann also ω aus der Verbrennungstemperatur, welche ja für die einzelnen Motortypen, wenigstens bei Annahme einer Verbrennung bei gleichbleibendem Volumen, ziemlich sicher bekannt ist, auffinden. Eine Kontrolle liegt außerdem noch in dem in Teil III durchgeführten Verfahren, bei dem auf Grund der in der vorliegenden Arbeit aufgestellten Verbrennungsgesetze $P - V$ Diagramme von Motoren konstruiert werden. Diese Diagramme ergeben mittlere indizierte Drücke, die gut mit der Erfahrung übereinstimmen. Der mittlere indizierte Druck ergibt sich aber bei der Konstruktion der Diagramme hauptsächlich aus der Größe der vom Brennstoffgewicht entwickelten Wärmemenge

ω; die Übereinstimmung mit der Erfahrung ist also ein Beweis für richtige Wahl dieser Größe.

Bemerkt sei, daß die in diesem Kapitel durchgeführten Rechnungen gewisse Ungenauigkeiten enthalten. Wie schon oben erwähnt, ist der Wert n_b, für den ein konstanter Mittelwert gerechnet wurde, in Wirklichkeit etwas variabel. Ferner ist die Gaskonstante R für den verbrannten Teil des Gemischs in Wirklichkeit etwas verschieden von der Gaskonstante für den unverbrannten Teil. Außerdem ist die Annahme, daß Verbrennung bei konstantem Volumen vorliegt, ungenau, nicht nur wegen der Kolbenbewegung, sondern auch aus Gründen, die auf S. 75 besprochen werden sollen. Damit wird aber auch die Bestimmung der Verbrennungstemperatur ungenau. Diese Vernachlässigungen wurden aber in Kauf genommen, um die Rechnung nicht zu unübersichtlich zu gestalten.

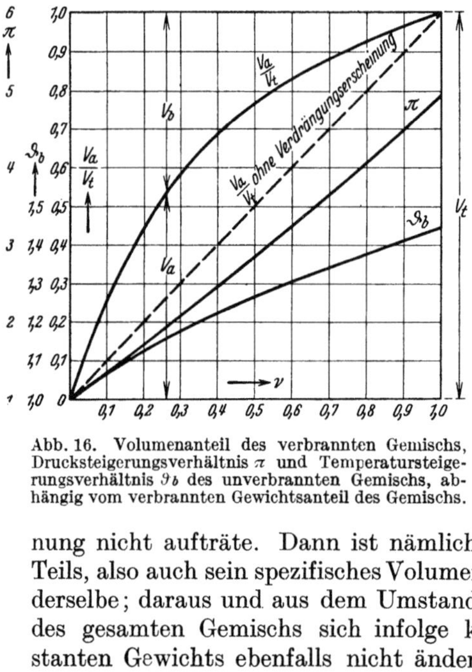

Abb. 16. Volumenanteil des verbrannten Gemischs, Drucksteigerungsverhältnis π und Temperatursteigerungsverhältnis ϑ_b des unverbrannten Gemischs, abhängig vom verbrannten Gewichtsanteil des Gemischs.

In Abb. 16 ist die Wirkung der Verdrängungserscheinung für ein bestimmtes Beispiel in Kurvenform dargestellt, und zwar ausgehend von folgenden Verhältnissen: $T_k = 602^0$ abs., $\frac{\omega}{c_v} = 2021$, $n_b = 1{,}3$. Der Sinn der Kurve V_a/V_t, also des Volumens, das der jeweils verbrannte Teil einnimmt im Verhältnis zum Gesamtvolumen, wird klarer, wenn man gleichzeitig die nämliche Kurve für den (gedachten) Fall einträgt, daß eine Verdrängungserscheinung nicht aufträte. Dann ist nämlich der Zustand des unverbrannten Teils, also auch sein spezifisches Volumen, während des ganzen Vorgangs derselbe; daraus und aus dem Umstand, daß das spezifische Volumen des gesamten Gemischs sich infolge konstanten Volumens und konstanten Gewichts ebenfalls nicht ändern kann, geht hervor, daß das spezifische Volumen des verbrannten Teils ebenfalls während der Verbrennung konstant bleibt. Das verbrannte Volumen ist dann darum einfach proportional dem verbrannten Gewicht; die Beziehung $V_a/V_t = f(\nu)$ ist also eine Gerade. Man sieht beim Vergleich, daß sich das Volumen des verbrannten Teils anfangs infolge der Verdrängungserscheinung stark ausdehnt, indem es den noch großen und wenig gepreßten unverbrannten Teil zusammenschiebt; gegen Ende des Verbrennungsvorgangs läßt sich aber der unverbrannte Teil infolge seiner Kleinheit und stärkeren Pressung immer weniger zusammendrücken, so daß dann der verbrannte Teil nicht mehr verhältnismäßig so viel Raum einnimmt wie anfangs. — Das wird auch aus Abb. 14 anschaulich, welche für die nämlichen Ausgangswerte gezeichnet ist, wie Abb. 16.

7. Verdrängungserscheinung und Gestalt des Verbrennungsraums. Zusammenwirken der aus der Verdrängungserscheinung und der aus der Wärmeleitung entstehenden Fortpflanzungsgeschwindigkeit der Verbrennung.

Beispiel für Abhängigkeit des zurückgelegten Wegs s von der Gestalt des Verbrennungsraums. Verhalten in praktisch vorkommenden Verbrennungsräumen. s abhängig von ν. Überlagerung von w_v und w_l zum Summenwert w_z. Faktor γ. Gestalt der Flammenfront.

Die bisherigen Ausführungen gaben Aufschluß darüber, in welcher Weise das Volumen des noch unverbrannten Teils des Gemischs zusammengedrückt wird, wenn der andere bereits verbrannte Teil sich auszudehnen bestrebt ist. Von der Gestalt des Verbrennungsraums war hierbei nicht die Rede; die abgeleiteten Gleichungen gelten vielmehr für jeden Verbrennungsraum. Welchen Weg dagegen die Verbrennung, von der Zündkerze aus gemessen, in einem bestimmten Stadium der Verbrennung zurückgelegt hat, hängt von den geometrischen Eigenschaften des Verbrennungsraums ab. Das ist aus dem in Abb. 17 dargestellten Beispiel ersichtlich, das einen kegeligen Verbrennungsraum und im Gegensatz dazu noch einen gleich großen zylindrischen zeigt.

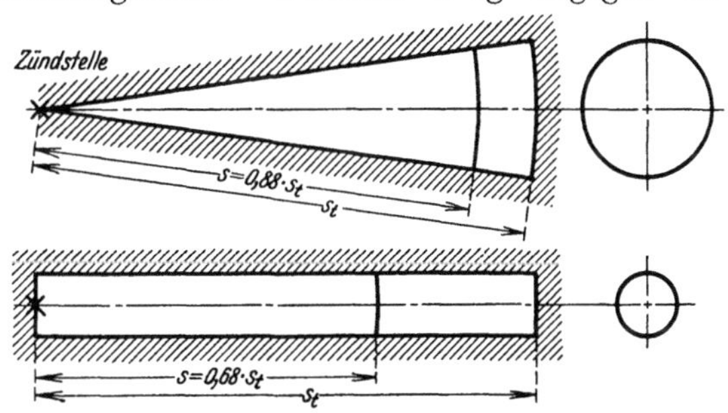

Abb. 17. Lage der Flammenfront in zwei verschieden gestalteten, gleich großen Verbrennungsräumen, wenn 40 % des Ladungsgewichts verbrannt sind.

Wir wollen dabei die — später noch zu erörternde — Annahme machen, daß sich die Verbrennung auch jetzt von der Zündkerze aus nach allen Seiten radial gleich schnell fortpflanze, also die gerade gleichzeitig zur Entzündung kommenden Teilchen immer auf einer Kugelschale liegen. Wenn z. B. 40 % Gewichtsteile der Ladung verbrannt sind ($\nu = 0{,}4$), so nimmt nach Kurventafel Abb. 16 der verbrannte Teil 68 % des Gesamtvolumens ein. Zeichnet man dann in jeden Verbrennungsraum diejenige Kugelschale ein, welche diesen Volumenteil abgrenzt, so sieht man, daß die Verbrennung beim kegeligen Verbrennungsraum in diesem Augenblick schon eine größere Strecke zurückgelegt hat wie beim zylindrischen; auch relativ, nämlich bezogen auf den Gesamtweg s_t, den sie bei dem gegebenen Verbrennungsraum überhaupt zurücklegen muß, hat sie dann beim kegeligen Raum $s/s_t \cdot 100 = 88\,\%$, beim zylindrischen erst $s/s_t \cdot 100 = 68\,\%$ des Gesamtwegs zurückgelegt.

Allgemein soll künftig die Beziehung zwischen dem von der Verbrennung zurückgelegten Weg s (gerechnet von der Zündstelle aus, Fortpflanzung in Kugelschalen vorausgesetzt) und dem Volumen V_a des verbrannten Teils durch eine Funktion $s = \psi\,(V_a)$ bezeichnet werden.

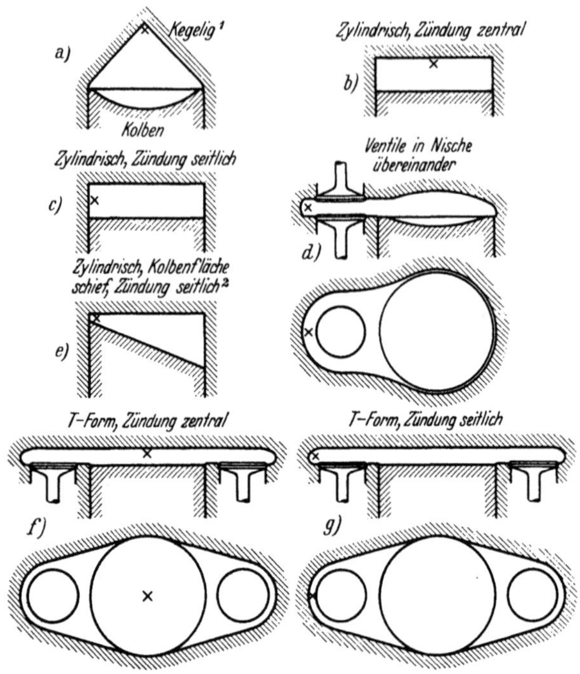

Abb. 181. Formen von Verbrennungsräumen.
Für alle Beispiele beträgt der Zylinder-Durchmesser 100 mm, der Inhalt des Verdichtungsraums 220 ccm. × bedeutet die Zündkerze.

Zahlentafel zu Abb. 181. Die Funktion ψ.
($100 \cdot V_a/V_t$ ist das zwischen der kugelschalenförmigen Flammenfront und der Zündkerze eingeschlossene Volumen V_a, ausgedrückt als Prozentsatz des ganzen Verbrennungsraums-Volumens V_t.)

$100 \cdot V_a/V_t$	Der von der Flammenfront von der Zündkerze ab zurückgelegte Weg s in mm (Zyl.-Bohrung überall 100 mm), für eine Verbrennungsraumform nach Abb. 18:						
%	a	b	c	d	e	f	g
5	26,5	17,5	15,5	21	28,5	15	16
10	33,5	22	23,5	32,5	37,5	24	23
20	42,5	28	34	54	48	32	37
30	48,5	32	43	70	56,5	39	55
40	53,5	35,5	50,5	84	64	45	72
50	57,5	39	58	97	70	50	87
60	61	42	65	109	76	58	103
70	64,5	45	72	119	82	68	120
80	67	47,5	79,5	129	88	79	138
90	70	50	88,5	140	94	93	160
100	72,5	53	100	161	100	111	194

[1] Zur Aufnahme der Ventilteller (Ventilachsen 45° gegen die Lotrechte geneigt) wird meist der Kegelmantel an zwei Stellen flachgedrückt. Der so entstehende „dachförmige" Verbrennungsraum ist dem kegeligen ziemlich ähnlich.

[2] s. S. 79.

Diese Funktion ist also rein durch die geometrischen Verhältnisse des Verbrennungsraums gegeben und lautet z. B.

für den kegeligen Raum:

$$s = \psi\,(V_a) = p \cdot \sqrt[3]{V_a}\,,$$

für den zylindrischen Raum:

$$s = \psi\,(V_a) = q \cdot V_a$$

(in letzterem Fall ohne Rücksicht auf die Krümmung der Flammenfrontfläche), wenn p und q Proportionalitätsfaktoren sind.

Bei den im Motorenbau praktisch vorkommenden Verbrennungsräumen, von denen eine Anzahl in Abb. 18I zusammengestellt ist, findet man die Funktion ψ am einfachsten zeichnerisch, indem man von der Zündkerze als Mittelpunkt aus Kugelschalen (wie in Abb. 17) mit beliebigem Radius in den Verbrennungsraum legt; man rechnet von jeder Kugelschale den Rauminhalt aus, den sie auf der Zündkerzenseite begrenzt; dann trägt man als eine Ordinate diese Volumina, als andere die zu den Volumina gehörigen Radien, also die zurückgelegten Wege s auf. Auf diese Weise sind die Angaben der Tabelle zu Abb. 18I entstanden.

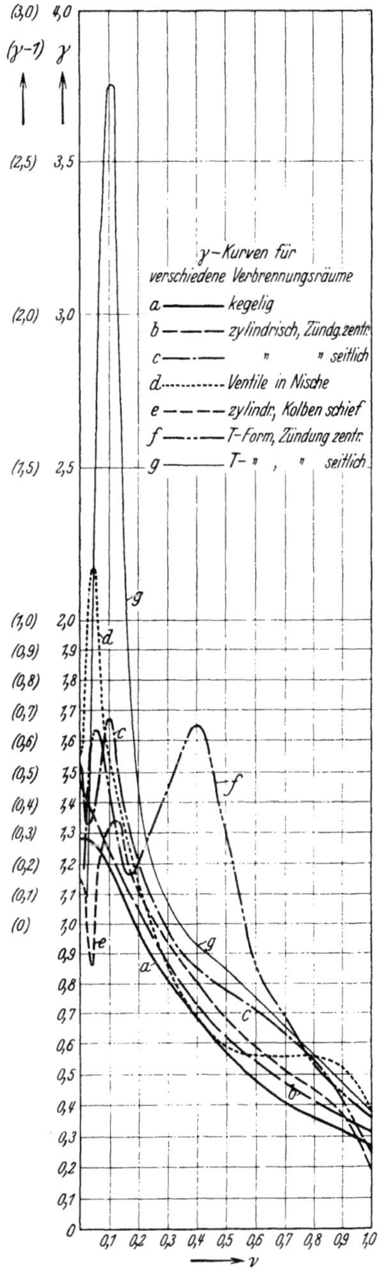

Abb. 18II. Die γ-Kurven.

Aus weiter unten einzusehenden Gründen soll in Abb. 19 ein V_a — ν-Diagramm, genau wie in Abb. 16, gezeichnet werden. Links davon sei für einen zu untersuchenden Verbrennungsraum ein V_a — s-Diagramm (Funktion ψ) angefügt. Nach unten vom Koordinatenanfangspunkt laufe noch eine s-Achse. Betrachtet man ein bestimmtes ν — Punkt 1 — so kann das zugehörige V_a — Punkt 2 — bestimmt werden, und zu diesem Wert das zugehörige s — Punkt 3 —. Schlägt man um den Nullpunkt einen Kreis mit dem Radius s, so wird der zugehörige Wert s auch auf der nach unten gehenden s-Achse gefunden (Punkt 4). Die Koordinaten von Punkt 1 und 4 geben einen Punkt 9. Die Wiederholung des Verfahrens ergibt eine Kurve $s = f(\nu)$, also den von der Verbrennung zurückgelegten Weg s abhängig vom Prozentsatz des verbrannten Brennstoffgewichts.

Die benutzte $V_a - \nu$ Kurve war für den Fall abgeleitet worden (s. Abb. 16), daß eine Verdrängungserscheinung vorliegt. Um anzudeuten, daß dieser — in einem geschlossenen Verbrennungsraum stets eintretende — Fall gegeben ist, soll die Größe V_a und die daraus abgeleitete Größe s in Abb. 19 nachträglich noch einen Zeiger z erhalten.

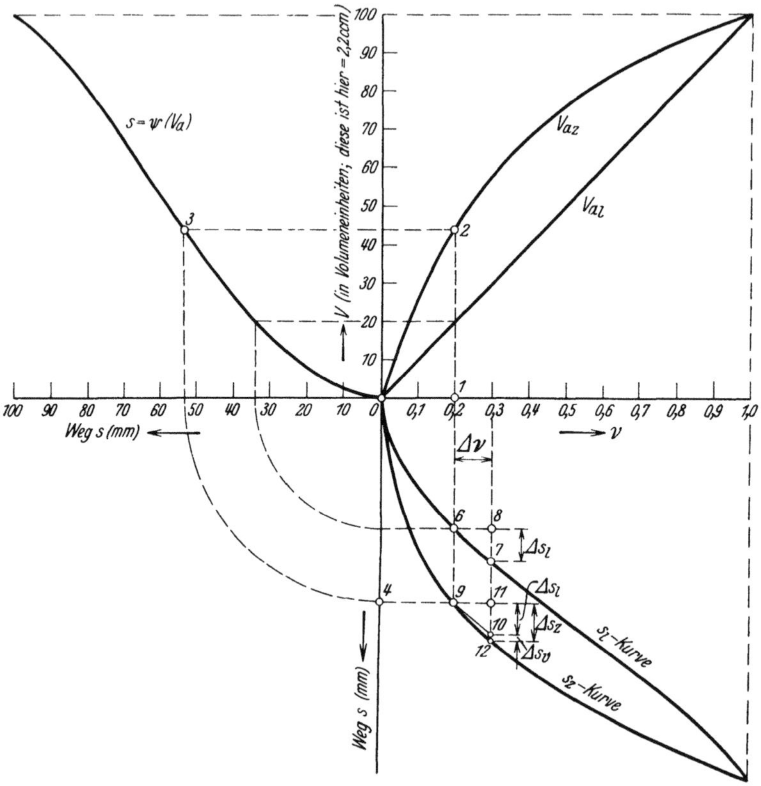

Abb. 19. Zeichnerische Auffindung der s-Kurven, aus denen die Größe γ ermittelt werden kann.

Ebenfalls aus weiter unten einzusehenden Gründen soll dasselbe zeichnerische Verfahren auch noch für den — gedachten — Fall durchgeführt werden, daß bei der Verbrennung keine Zusammendrängung des unverbrannten durch den verbrannten Teil stattfinden würde. Das Volumen des verbrannten Teils V_a wäre dann, wie S. 42 gezeigt, einfach proportional dem Prozentsatz des verbrannten Gewichts ν, und die Funktion $V_a/V_t = f(\nu)$ wäre eine Gerade.

Diesen Fall wollen wir durch den Zeiger l kennzeichnen. Ähnlich wie bei der Bezeichnung von w_l deutet das l auch hier an, daß eine Fortpflanzung der Verbrennung nur als Folge der Wärmeleitung in Frage kommen soll.

Nach diesen Vorbereitungen soll daran gegangen werden, folgende Aufgabe zu lösen: Nach den Ausführungen des Kap. 5 pflanzt sich die Verbrennung in einem brennbaren Gemisch infolge der Wärmeleitung mit einer gewissen Geschwindigkeit w_l von Teilchen zu Teilchen fort, die z. B. von den chemischen Eigenschaften des Gemischs, seiner Temperatur und Dichte abhängt. Außerdem tritt aber nach Kap. 6 und 7 eine räumliche Bewegung aller Teilchen infolge der Verdrängungserscheinung ein, die selbst wieder eine Folge der Verbrennung eines Teils der Ladung ist, und diese Bewegung bewirkt, daß die tatsächliche Geschwindigkeit der Fortpflanzung der Verbrennung durch den Raum eine andere ist als w_l. Wie verhalten sich diese verschiedenen Geschwindigkeiten zueinander?

Wir betrachten einen kurzen Zeitabschnitt innerhalb des Verbrennungsvorganges, der $\Delta\tau$ sek lang dauern soll und zu dessen Beginn ν, zu dessen Ende $(\nu + \Delta\nu)$ Gewichtsanteile des Gemischs verbrannt sein sollen. Gäbe es keine Verdrängungserscheinung, so würde in ihm die Flammenfront infolge der Fortpflanzung durch Wärmeleitung um eine Wegstrecke Δs_l vorwärtsschreiten. Die nur auf Wärmeleitung zurückführende Geschwindigkeit der Fortpflanzung w_l ist demnach

$$w_l = \frac{\Delta s_l}{\Delta\tau}. \qquad (54)$$

Dieser Fall ist in Abb. 20 dargestellt, die einen eindimensionalen Verbrennungsraum im Längsschnitt zeigt, in dem die Flammenfront durch eine doppelte Linie eingezeichnet ist.

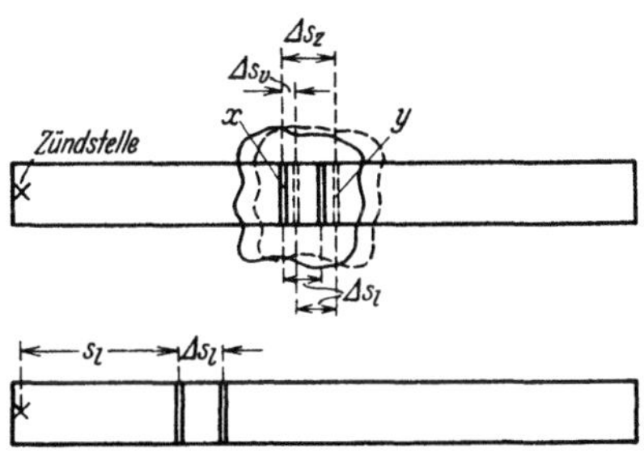

Abb. 20. Lageänderung der Flammenfront innerhalb der Zeitdauer $\Delta\tau$. Oben mit, unten ohne Verdrängungserscheinung.

Kommt nun die Verdrängungserscheinung dazu, so ist schon zu Beginn des betrachteten Abschnitts jedes Teilchen des Gemischs um ein Stück verschoben worden, und zwar die Flammenfront in unserem Beispiel ein Stück nach rechts. Das ist die Folge der dem betrachteten Abschnitt zeitlich vorangehenden Vorgänge. Aber auch während des Abschnitts von der Zeitdauer $\Delta\tau$ setzt sich die Teilchenverschiebung fort, und die Stelle, an der gerade die Verbrennung stattfindet, macht sie — gewissermaßen eingebettet in die umgebenden Gasteilchen — mit; innerhalb des Abschnitts möge diese rein auf die Verdrängungserscheinung zurückgehende Verschiebung die Strecke Δs_v ausmachen. Das Ergebnis der Vorgänge ist also, daß wir zu Beginn des Abschnitts die Flammenfront in der Lage x, zu Ende des Abschnitts in der Lage y beobachten, daß diese also innerhalb des Abschnitts die zusammengesetzte Strecke $\Delta s_z = \Delta s_l + \Delta s_v$ zurückgelegt hat. Die Geschwindigkeit w_z der zusammengesetzten Fortschreitungsbewegung der Flammenfront ist also

$$w_z = \frac{\Delta s_z}{\Delta\tau} = \frac{\Delta s_l + \Delta s_v}{\Delta\tau} = w_l + \frac{\Delta s_v}{\Delta\tau} = w_l + w_v, \qquad (55)$$

wenn man mit w_v die Geschwindigkeit derjenigen Fortschreitungsbewegung der Flammenfront bezeichnet, die auf die Verschiebung der Teilchen infolge der Verdrängungserscheinung zurückgeht.

Frägt man, um wieviel w_z größer ist als w_l, so findet man durch Division von Gl. (55) durch Gl. (54)

$$\frac{w_z}{w_l} = \frac{\Delta s_z}{\Delta s_l} = \frac{\Delta s_l + \Delta s_v}{\Delta s_l}. \tag{56}$$

Den Wert des Bruchs der rechten Gleichungsseite kann man aber aus Abb. 19 ermitteln. Betrachten wir die Wegeveränderungen Δs innerhalb eines Intervalls $\Delta \nu$, so ist Strecke $7 - 8 = \Delta s_l$, weil die s_l-Kurve dem Fall entspricht, daß keine Verdrängungserscheinung vorgelegen hat. Wir ziehen nun durch Punkt 9 eine Parallele 9 — 10 zu 6 — 7. Die Strecke 10 — 11 ist gleich 7 — 8, also $= \Delta s_l$. Die Strecke 10 — 12 bedeutet, um wieviel der Weg innerhalb des Intervalls beim Vorliegen einer Verdrängungserscheinung größer wird als bei deren Fehlen; Strecke 11 — 12 ist also gleich $\Delta s_l + \Delta s_v$, also $= \Delta s_z$. Man sieht, daß w_z/w_l gleich dem Verhältnis $\frac{11-12}{7-8}$ zu setzen ist oder, wenn man zur Grenze übergeht, dem Verhältnis der Differentialquotienten der s_z- und s_l-Kurve. Bezeichnet man dieses Verhältnis mit γ, so erhält Gl. (56) die Form

$$w_z = w_l \cdot \frac{d s_z}{d s_l} = \gamma \cdot w_l. \tag{57}$$

Man kann also die totale Geschwindigkeit w_z als ein Vielfaches der Geschwindigkeit der durch Wärmeleitung hervorgerufenen Verbrennungsfortpflanzung darstellen. Der Faktor γ ist dabei, wie aus der Art seiner Auffindung (Abb. 19) hervorgeht, u. a. eine Funktion der Gestalt des Verbrennungsraums. γ ist für verschiedene praktisch vorkommende Verbrennungsraumgestalten in Abb. 18 II eingezeichnet. Während der ersten Stadien des gesamten Verbrennungsvorgangs ist γ größer, während der letzten Stadien kleiner als 1.

Aus Gl. (57) und (55) geht noch hervor:

$$w_v = w_z - w_l = (\gamma - 1) \cdot w_l. \tag{58}$$

Wenn man so zur Auffindung der zusammengesetzten Verbrennungsgeschwindigkeit zwei Geschwindigkeiten sich überlagern läßt, so ist nicht zu vergessen, daß hier die beiden Summanden w_l und w_v einen durchaus verschiedenen physikalischen Charakter aufweisen. Die Geschwindigkeit w_l ist eine Geschwindigkeit einer Reaktionsfortpflanzung, während die Geschwindigkeit w_v die Geschwindigkeit einer mechanischen Bewegung ist, d. h. einer Bewegung, die in einer räumlichen Verschiebung physikalischer Körper besteht. Das wird an späterer Stelle (S. 78) noch eine Rolle spielen.

Wir hatten einstweilen angenommen, daß die Verdrängungserscheinung die einzelnen Gasteilchen radial vom Zündpunkt aus fortbewegt, und dies nach allen Seiten gleich schnell, so daß Teilchen, die zu einer Zeit $\tau = \tau'$ auf Kugelschalen gelegen hatten, zu einer späteren Zeit $\tau = \tau''$ wieder auf Kugelschalen lagen. Während für die auf Wärmeleitung beruhende Fortpflanzung der Verbrennung diese Gesetzmäßigkeit sich ohne weiteres begründen läßt und wahrscheinlich auch durch die Verwirbelung nur geringfügig gestört wird (s. Kap. 2 und 3), ist sie für die auf die Verdrängungserscheinung zurückgehende Bewegung an sich gar nicht selbstverständlich; das soll die nachfolgende Betrachtung zeigen:

In dem kugelausschnittförmigen Verbrennungsraum nach Abb. 21 sei zu einem bestimmten Zeitpunkt die Verbrennung, wenn man sich die Verdrängungserscheinung fortdenkt, bis zur Zone x — x fortgeschritten. Die tatsächlich vorhandene Verdrängungserscheinung vermehrt aber das Volumen des verbrannten Teils auf eine bestimmte Größe, und wir hatten angenommen, daß diese Vermehrung des Volumens zu einer Gestalt des verbrannten Gemischteils führt, bei welcher die ehemals bei x liegenden Teilchen nunmehr in die Zone y vorwärtsgeschoben worden sind. Der Forderung eines bestimmten vergrößerten Volumens des verbrannten Teils würden aber geradeso gut auch unendlich viele andere Lagen der ihn begrenzenden Fläche erfüllen, z. B. auch eine Fläche vom Charakter der Fläche u. Es ist die Frage, ob und warum es wahrscheinlicher ist, daß man in Wirklichkeit die Begrenzungsfläche y und nicht u erhält. Eine mathematisch einwandfreie Beantwortung dieser Frage würde über den Rahmen der vorliegenden Arbeit hinausgehen; die folgenden Ausführungen sollen nur zeigen, in welcher Richtung der Verfasser glaubt die Lösung suchen zu sollen, ohne daß sie natürlich den Anspruch einer Beweisführung erheben würden. Wenn in einem gasgefüllten Raum, in dem ein Teil a des Inhalts verbrannt, der andere Teil unverbrannt ist, der Teil a plötzlich durch weitere Verbrennung einer kleinen Gasmenge um die Wärmemenge dQ erhitzt wird, so nimmt zunächst — solange noch keine Volumenvergrößerung vor sich gegangen ist — sein Druck um einen kleinen Betrag dP zu. Dieser Druck wirkt, wie jeder statische Druck, senkrecht auf die die Gasmenge begrenzenden Flächen, also auch senkrecht auf die Fläche, die Teil a und Teil b trennt; ist diese eine Kugelfläche, so ist seine Richtung deshalb radial und die dort befindlichen Gasteilchen versuchen sich in radialer Richtung fortzubewegen. Da der Gegendruck des Teils b geringer ist, kommt es auch zu einer (radialen) Bewegung, welche so lange andauert, bis der Teil a durch die Ausdehnung so viel an Druck verloren hat, daß sein Druck dem durch die Verdichtung steigenden Druck des Teils b gerade das Gleichgewicht hält. Für das Auftreten tangentialer Drücke in der Kugelfläche — und als deren Folge tangentialer Bewegungen — besteht keine Veranlassung. Nun läßt sich aber zeigen, daß derart unnatürliche Formen der Begrenzungs-

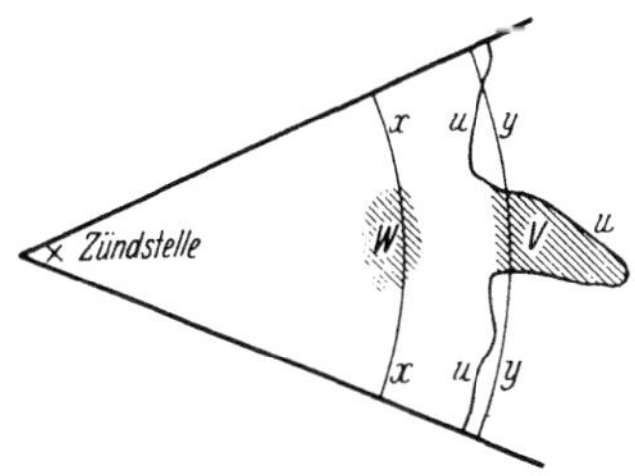

Abb. 21. Verlagerung der Flammenfront durch die Verdrängungserscheinung. Zur Frage der Form der Flammenfront.

fläche, wie die der Fläche u, nur entstehen könnten, wenn tangentiale Bewegungen von Teilchen auftreten würden. Denn wenn sich eine Art Vorsprung bilden würde, wie z. B. bei V, dann müßten die Teilchen, die diesen Vorsprung ausfüllen, irgendwie aus dem Innern der Gasmasse a entnommen worden sein; wir wollen uns das, der Anschaulichkeit halber, in vergröberter Form so vorstellen, daß dadurch bei W gewissermaßen ein Loch entstanden wäre; nachdem aber innerhalb der Gasmenge a der mittlere Abstand der Moleküle derselbe bleiben muß, wäre es notwendig gewesen, daß das durch die Entfernung dieser Teilchen entstandene Loch W wieder durch Zustrom von anderen Molekülen aufgefüllt worden wäre; wie man sich leicht überzeugen kann, könnte das aber nur dadurch geschehen, daß — neben radialen — auch tangentiale Verschiebungen von Molekülen stattfinden würden. Unregelmäßige Formen der Begrenzungsfläche könnten also nur unter der Voraussetzung entstehen, daß tangentiale Teilchenverschiebungen stattfänden, und nachdem für solche, wie oben festgestellt, keinerlei Entstehungsursache vorhanden ist, ist ihr Auftreten als unwahrscheinlich zu bezeichnen.

III. Anwendung der in Teil I und II aufgefundenen Rechnungsergebnisse auf praktische Beispiele.

8. Angewendete Methode zur Durchrechnung ganzer Verbrennungsvorgänge und zur Durchführung des Vergleichs zwischen Rechnungs- und Versuchsergebnissen.

Möglichkeiten der Nachprüfung der Richtigkeit der Rechnung durch Vergleichung mit Versuchsergebnissen. Allgemeine Beschreibung des Rechnungsgangs.

Die bisherigen Ergebnisse gestatten es, den Hergang der Verbrennung in einem praktisch vorkommenden Fall, z. B. in einem Motor oder in einer Verbrennungsbombe, rechnerisch zu verfolgen. Dies soll in Teil III für zwei Verbrennungsvorgänge in einer Versuchsbombe und drei Verbrennungsvorgänge in einem laufenden Benzinmotor durchgeführt werden, wobei die Ausgangsbedingungen der Verbrennung in der Rechnung so gelegt werden sollen, wie sie tatsächlich bei Versuchen gelegen haben, die von Nägel[1] (Bombenversuche) und Gibson[2] (Benzinmotoruntersuchung) durchgeführt worden sind. Vergleicht man dann das Ergebnis der Rechnung mit der Versuchserfahrung, so zeigt sich, wie weit die Rechnung und ihre Voraussetzungen richtig gewesen sind. Diejenige

[1] S. Fußnote S. 30.

[2] Gibson: Auspuffventil- und Zylinderkopftemperaturen in schnellaufenden Motoren. Engg. vom 21. u. 28. 12. 1923. Ferner: Kolbentemperaturen und Wärmefluß in schnellaufenden Motoren. Engg. vom 29. 1. u. 5. 2. 1926. Deutsch auszugsweise wiedergegeben und ergänzend bearbeitet von A. E. Thiemann: Autotechn. 1926, H. 15, 16 u. 17.

Größe, die in erster Linie den Vergleich zwischen Rechnung und Wirklichkeit zu ziehen gestattet, ist der Druck, wie er sich in jedem Zeitpunkt der Verbrennung einstellt; denn das einzig experimentell einfache Mittel, etwas von den Vorgängen bei der Verbrennung zu erfahren, ist das Indizieren des Drucks, während andere Methoden zu deren Ermittlung, wie etwa Temperaturmessungen oder photographische Aufnahmen im Innern des Zylinders, nur sehr selten versucht und veröffentlicht worden sind und bisher kein abgerundetes Bild ergeben. Auch ist der Druckverlauf in der Tat ein ziemlich aufschlußreiches und eindeutiges Kennzeichen dafür, wie weit die Verbrennung fortgeschritten ist; denn nach Kap. 6 (s. auch Kurventafel Abb. 16) besteht ein einfacher Zusammenhang zwischen dem Druck und dem Anteil des Gemischs, der jeweils bereits von der Verbrennung ergriffen worden ist. Hat man die Abhängigkeit des Drucks von der seit Einleitung der Verbrennung verstrichenen Zeit errechnet, so hat man deshalb damit eine Behauptung aufgestellt, mit welcher Geschwindigkeit sich die Verbrennung durch das Gemisch hindurch ausbreitet. — Es wird also im folgenden darauf abgezielt werden, den Anstieg des Drucks während des Verbrennungsvorgangs abhängig von der seit der Zündung verstrichenen Zeit rechnerisch zu finden und dann zu prüfen, wie weit das Ergebnis mit der Beobachtung übereinstimmt.

Allerdings ermöglichen die bisherigen Unterlagen es nicht, die Verbrennungsgeschwindigkeit rein aus den spezifischen Eigenschaften des brennbaren Gemischs abzuleiten, wie Heizwert, spezifische Wärme, Zündtemperatur u. dgl., weil eine zur Berechnung notwendige Größe bisher experimentell nicht bestimmt worden ist, nämlich der Teilchenabstand l. Diese Größe, deren vermutlicher Charakter in Kap. 4, Ziff. c, gekennzeichnet ist, ist nach Gl. (19) zur Bestimmung der Geschwindigkeit nicht zu entbehren. Es ist also notwendig, in einem Punkt von vornherein einen gewissen Erfahrungswert mit in die Rechnung hereinzunehmen. Wie das im einzelnen geschehen wird, soll in der nachfolgenden Beschreibung der bei der Beispielsdurchrechnung anzuwendenden Methode ersichtlich gemacht werden; hier soll gleichzeitig gezeigt werden, daß trotz des Hereinnehmens dieses Erfahrungswerts die Funktion des Drucks abhängig von der Zeit (abgesehen vom Zeitmaßstab) ein reines Ergebnis der Rechnung bleibt, und ihr Vergleich mit der Erfahrung somit auch unter diesen Umständen als ein Prüfstein für die Richtigkeit der Rechnung angesehen werden darf.

Der Verlauf der Verbrennung wird bei der Durchrechnung der Beispiele abschnittsweise verfolgt werden, und zwar umfaßt jeder Abschnitt die Verbrennung eines bestimmten prozentualen Ladungsgewichts ν; z. B. umfaßt der erste Abschnitt die Verbrennung der ersten 2,5%, der zweite die Verbrennung der zweiten 2,5%, der dritte die Verbrennung der nächsten 5%, der vierte die Verbrennung der weiteren 10% usw. (immer 10% weise) des gesamten Ladungsgewichts.

Nach den Ausführungen des Kap. 7 kann man dann für einen bestimmten Verbrennungsraum immer berechnen, wie weit für ein bestimmtes ν die Verbrennung vorgedrungen ist, wie viele Millimeter radialen Wegs also die Flammenfront, von der Zündkerze aus gerechnet, zurückgelegt hat (s_a-Kurve); den Weg, den sie dann innerhalb eines bestimmten Intervalls zurückgelegt hat, wollen wir — im Gegensatz zu dem vom ersten Zündbeginn an gerechneten Gesamtweg s_a — mit Δs_a und mit einem Zeiger bezeichnen, der den zugehörigen Abschnitt angibt ($\Delta s_{a\,(\nu = 0{,}00 - 0{,}025)}$; $\Delta s_{a\,(\nu = 0{,}025 - 0{,}05)}$, usw.).

Wir wollen annehmen, daß innerhalb jedes Abschnitts die Fortpflanzungsgeschwindigkeit konstant ist; die Größe der Abschnitte ist so gewählt worden, daß diese Annahme genügend genau gewahrt bleibt. Die Größe der Fortpflanzungsgeschwindigkeit wird nun für jeden Abschnitt folgendermaßen berechnet: Wir bezeichnen mit „Grundgeschwindigkeit" w_0 die Geschwindigkeit der auf Wärmeleitung beruhenden Verbrennungsfortpflanzung, wie sie im sog. „Vergleichszustand" herrscht. Als Vergleichszustand bezeichnen wir in Beispiel 1 und 2 (bzw. 3, 4 und 5) den Zustand des brennbaren Gemischs, wie er im Augenblick der Einleitung des Verbrennungsvorgangs im Beispiel 1 (bzw. 3) vorhanden war. w_0 ist also eine feste, aber zunächst unbekannte Größe für ein brennbares Gemisch von bestimmter chemischer Zusammensetzung, bestimmter Turbulenz, bestimmter Temperatur und bestimmtem Druck. Man kann nun sämtliche im Lauf der Rechnung vorkommenden Geschwindigkeiten als Vielfache von w_0 darstellen; denn steigt im Lauf der Verbrennung die Temperatur und der Druck des noch unverbrannten Gemischteils — gleichgültig aus welchem Grund — so findet man die Geschwindigkeit w_1 der auf Wärmeleitung beruhenden Verbrennungsfortpflanzung nach den in Kap. 5 [Gl. (22) und Abb. 11 für α und Gl. (26) für β] angegebenen Gesetzen als Vielfaches der Geschwindigkeit w_0, und zwar nach der Gleichung

$$w_l = \alpha \cdot \beta \cdot w_0\,, \tag{59}$$

wenn wir als die Geschwindigkeit w_l der Gl. (22a) und (26) jetzt unsere Grundgeschwindigkeit w_0 einsetzen.

Dazu kommt noch die überlagernde Geschwindigkeit w_v, die durch die Verdrängungserscheinung entsteht; die totale, die Geschwindigkeit w_v einschließende Geschwindigkeit w_z kann nach Kap. 7 dargestellt werden durch die Gl. (57) $w_z = \gamma \cdot w_l$, woraus man unter Benutzung von Gl. (59) erhält

$$w_z = \alpha \cdot \beta \cdot \gamma \cdot w_0\,. \tag{60}$$

Die Zeit, die die Verbrennung zur Durcheilung der zu einem Abschnitt gehörigen Wegstrecke Δs_a braucht, ist

$$\Delta \tau = \frac{\Delta s_a}{w_z} = \frac{\Delta s_a}{\alpha \cdot \beta \cdot \gamma} \cdot \frac{1}{w_0}\,. \tag{61}$$

Bestimmt man die zur Verbrennung benötigte Zeitdauer nacheinander für die Abschnitte $\nu = 0{,}000 - 0{,}025$, $\nu = 0{,}025 - 0{,}050$ usw., so erhält man für ein beliebiges Stadium der Verbrennung, z. B. für das, in dem $100 \cdot \nu'$ % des Gemischs im ganzen verbrannt sind, die bis dahin benötigte Zeitdauer τ:

$$\begin{aligned}\tau &= \Delta\tau_{(\nu = 0{,}00 - 0{,}025)} + \Delta\tau_{(\nu = 0{,}025 - 0{,}05)} + \cdots + \Delta\tau_{(\nu = \ldots - \nu')}\\ &= \left(\frac{\Delta s_z}{\alpha \cdot \beta \cdot \gamma}\right)_{(\nu = 0{,}00 - 0{,}025)} \cdot \frac{1}{w_0} + \left(\frac{\Delta s_z}{\alpha \cdot \beta \cdot \gamma}\right)_{(\nu = 0{,}025 - 0{,}05)}\\ &\quad \cdot \frac{1}{w_0} + \cdots + \left(\frac{\Delta s_z}{\alpha \cdot \beta \cdot \gamma}\right)_{(\nu = \ldots - \nu')} \cdot \frac{1}{w_0} \qquad (62)\\ &= \frac{1}{w_0} \cdot \left\{\left(\frac{\Delta s_z}{\alpha \cdot \beta \cdot \gamma}\right)_{(\nu = 0{,}00 - 0{,}025)} + \left(\frac{\Delta s_z}{\alpha \cdot \beta \cdot \gamma}\right)_{(\nu = 0{,}025 - 0{,}05)}\right.\\ &\quad \left. + \cdots + \left(\frac{\Delta s_z}{\alpha \cdot \beta \cdot \gamma}\right)_{(\nu = \ldots - \nu')}\right\}.\end{aligned}$$

Damit zeigt sich, daß der konstante Faktor w_0, der ja zunächst unbekannt war, einfach umgekehrt proportional der Zeitdauer ist, die seit Einleitung der Verbrennung verstrichen ist, daß man also, wenn man einen bestimmten Wert für w_0 einsetzt, damit den Zeitmaßstab festlegt.

In den folgenden gerechneten Beispielen 1 und 3 ist w_0 immer so groß angenommen, daß die Gesamtdauer des Verbrennungsvorgangs mit der experimentell festgestellten übereinstimmt. Bei der Kurve des Drucks, abhangig von der Zeit, wird also der Maßstab der Zeitabszisse so festgelegt, daß die größte vorkommende Abszisse, nämlich die am Ende der Verbrennung erreichte, mit der Wirklichkeit übereinstimmt; im übrigen ist der Charakter der Kurve aber unabhängig von der Wahl von w_0, und seine Übereinstimmung mit der Wirklichkeit ist eine Prüfung auf die Richtigkeit der Rechnung.

Eine weitere Kontrolle für die Richtigkeit der Rechnung erhält man dann, wenn man für das bereits durchgerechnete Brennstoffgemisch ein zweites Beispiel mit veränderten Vorbedingungen, z. B. mit erhöhter Anfangstemperatur oder beim Motor mit verlegtem Zündzeitpunkt durchrechnet (Beispiel 2 zu Beispiel 1; Beispiel 4 und 5 zu Beispiel 3). Hier dürfen wir dann die vorkommenden Geschwindigkeiten w_l insofern aus der Grundgeschwindigkeit w_0, die ja aus dem ersten Beispiel bekannt ist, errechnen, als das brennbare Gemisch dieselbe chemische Zusammensetzung und dieselbe Turbulenz aufweist wie im ersten Beispiel. Da Temperatur und Druck von vornherein verschieden von denen des ersten Beispiels sind, finden wir w_l für jeden Abschnitt aus Gl. (22), (22a) und (26). Gl. (57) und (60) gibt dann die Geschwindigkeit w_z. Geht man zu Gl. (61) über, so sind diesmal auf der rechten Gleichungsseite sämtliche Größen, auch w_0, bekannt, und man kann die Gesamtzeitdauer der Verbrennung ausrechnen. In diesem Fall ergibt sich also die Gesamtzeitdauer als Resultat der Rechnung, und ihr Vergleich mit dem Versuchswert ist ein Anhalt für die Richtigkeit der Rechnung.

Zahlentafel

Beispiel Nr.	ν	ϑ_b	π	T_b Grad abs.	P kg/m²	T_z Grad abs.	$100 \cdot \frac{T_z - T_{g\,II}}{T_z - T_{g\,I}}$ %	α
1	0,000 bis 0,025	1,025	1,07	295	20140	873	99	1,02
	0,025 „ 0,05	1,07	1,23	308	24600	873	97	1,05
	0,05 „ 0,10	1,135	1,47	327	29400	873	94	1,11
	0,1 „ 0,2	1,24	1,94	357	38800	873	88	1,22
	0,2 „ 0,3	1,36	2,55	392	51000	873	82	1,35
	0,3 „ 0,4	1,46	3,20	421	64000	873	77	1,45
	0,4 „ 0,5	1,54	3,80	444	73000	873	72	1,57
	0,5 „ 0,6	1,625	4,70	468	88000	873	69	1,65
	0,6 „ 0,7	1,70	5,06	490	101000	873	66	1,74
	0,7 „ 0,8	1,77	5,67	510	113400	873	63	1,83
	0,8 „ 0,9	1,84	6,30	530	126000	873	59	1,91
	0,9 „ 1,0	1,89	6,90	545	138000	873	56	2,0
2	0,000 bis 0,025	1,025	1,05	357	21000	873	88	1,23
	0,025 „ 0,05	1,07	1,15	372	23000	873	86	1,26
	0,05 „ 0,10	1,13	1,32	394	26400	873	82	1,35
	0,1 „ 0,2	1,20	1,68	418	33600	873	78	1,44
	0,2 „ 0,3	1,30	2,15	453	43000	873	72	1,57
	0,3 „ 0,4	1,37	2,65	485	53000	873	66	1,73
	0,4 „ 0,5	1,47	3,15	512	63000	873	62	1,84
	0,5 „ 0,6	1,54	3,65	537	73000	873	57	1,97
	0,6 „ 0,7	1,61	4,15	561	83000	873	53	2,06
	0,7 „ 0,8	1,67	4,70	582	94000	873	50	2,16
	0,8 „ 0,9	1,73	5,25	603	105000	873	46	2,28
	0,9 „ 1,0	1,78	5,80	620	116000	873	43	2,38

* $0{,}1664 = \sum \cdot (\Delta\tau \cdot w_0)$; oder $\frac{0{,}1664}{w_0} = \sum(\Delta\tau) = \tau_g$; τ_g experimentell

9. Beispiele für die Berechnung des Verlaufs der Verbrennung.

Zwei Bombenversuche von Nägel mit einem 11proz. Leuchtgasgemisch. Die beiden Versuche unterscheiden sich durch verschiedene Anfangstemperaturen des Gemischs (Beispiel 1 und 2). Ferner 3 Betriebszustände an einem schnellaufenden Benzinmotor entsprechend Versuchen von Gibson. Die Fälle unterscheiden sich voneinander dadurch, daß die Zündung 45, 35 und 25 Grad vor oberem Totpunkt eingeleitet wurde (Beispiel 3, 4 und 5).

Beispiel 1.

In einer kugeligen Bombe für Verbrennungsversuche von 400 mm Durchmesser sei ein Gemisch von 89 Raumteilen Luft und 11 Raumteilen Leuchtgas ($H_u = 4297$ WE im Kubikmeter) eingeschlossen. Das Gemisch habe eine Temperatur von $T_k = 288^0$ abs. und einen Druck P_k von 20000 kg/m² abs. Es soll der Hergang der Verbrennung untersucht werden, welche durch eine zentrale Zündung ausgelöst wird. — Dieser Versuch ist von Nägel ausgeführt worden (Mitt. Forschungsarbeiten, H. 54, Versuch Nr. 62).

1 und 2.

γ	$\frac{w_z}{w_0}$	Δs_z m	$\Delta\tau \cdot w_0 = \frac{\Delta s_z}{w_z} \cdot w_0$ m	w_l m/sek	w_z m/sek	w_v m/sek	$\Delta\tau$ sek	τ sek
1,6	1,63	0,095	0,0582	0,94	1,50	+0,64	0,0630	0,0630
1,47	1,54	0,021	0,0136	0,97	1,42	0,45	0,0148	0,0778
1,17	1,30	0,024	0,0185	1,01	1,20	+0,19	0,0201	0,0979
0,90	1,10	0,024	0,0218	1,12	1,01	—0,11	0,0237	0,1216
0,65	0,88	0,012	0,0136	1,24	0,81	—0,43	0,0148	0,1364
0,50	0,72	0,007	0,0097	1,33	0,66	0,67	0,0105	0,1469
0,42	0,66	0,005	0,0076	1,44	0,61	0,83	0,0082	0,1551
0,36	0,59	0,0035	0,0059	1,52	0,54	0,98	0,0064	0,1615
0,31	0,54	0,0030	0,0055	1,60	0,50	1,10	0,0060	0,1675
0,28	0,51	0,0025	0,0049	1,68	0,47	1,21	0,0053	0,1728
0,26	0,50	0,0020	0,0040	1,76	0,46	1,30	0,0044	0,1772
0,24	0,48	0,0015	0,0031	1,84	0,44	—1,40	0,0034	0,1806
			Sa. 0,1664*					
1,6		0,095		1,13	1,81	+0,68	0,0525	0,0525
1,47		0,021		1,16	1,70	0,54	0,0123	0,0648
1,17		0,024		1,24	1,45	+0,21	0,0165	0,0813
0,90		0,024		1,32	1,19	—0,13	0,0202	0,1015
0,65		0,012		1,45	0,94	—0,51	0,0128	0,1143
0,50		0,007		1,59	0,79	0,80	0,0089	0,1232
0,42		0,005		1,69	0,71	0,98	0,0070	0,1302
0,36		0,0035		1,81	0,65	1,16	0,0054	0,1356
0,31		0,0030		1,89	0,59	1,30	0,0051	0,1407
0,28		0,0025		1,99	0,56	1,43	0,0045	0,1452
0,26		0,0020		2,10	0,55	1,55	0,0036	0,1488
0,24		0,0015		2,19	0,53	—1,66	0,0028	0,1516

gefunden (Nägel: Beisp. 62) = 0,181 sek; daraus $w_0 = \frac{0{,}1664}{0{,}181} = 0{,}92$ m/sek.

Der Rechnung zugrunde gelegte Zahlenwerte:

Die Zündtemperatur t_z wurde mit 600° C ($T_z = 873°$ abs.) angesetzt (s. z. B. Hütte I, 25. Auflage, S. 534), wobei eine allenfalls vorhandene Abhängigkeit vom Druck nicht berücksichtigt wurde. Die Verbrennungstemperatur T_v bei Verbrennung bei unveränderlichem Volumen ist mit 2177° abs. eingesetzt (s. die Tabelle in Hütte I, 24. Auflage, S. 474). Damit wird [s. Gl. (51)] $\frac{\omega}{c_v} = 2177 - 288 = 1889$. Bei der Zusammendrängung des unverbrannten Teils durch den bereits verbrannten sollen keine Wärmeverluste an die Wand entstehen, d. h. der Verdichtungsexponent n_b sei gleich 1,41. Die Geschwindigkeit der auf Wärmeleitung zurückgehenden Verbrennungsfortpflanzung w_l sei unabhängig vom Druck, was den Nägelschen Versuchsbeobachtungen für Leuchtgas entspricht, d. h. der Faktor β Gl. (26) sei konstant = 1.

Gang der Rechnung (vgl. die Zahlentafel 1).

ν. Zunächst wurde der gesamte Verbrennungsvorgang in einzelne Abschnitte aufgeteilt, die durch die Angabe gekennzeichnet sind, welcher Gewichtsanteil des Gesamtgemischs, dessen Gewicht = 1 gesetzt wird, gerade verbrannt wird; der z. B. mit „$\nu = 0{,}4$ bis 0,5" bezeichnete Abschnitt bedeutet also denjenigen Abschnitt der Verbrennung, zu dessen Beginn 40% des Gesamtgemischs bereits verbrannt gewesen sind, und an dessen Ende 50% verbrannt sein werden.

Dann kann man aus den Gesetzen über die Verdrängungserscheinung (Kap. 6) für jeden Abschnitt folgende Größen (Durchschnittswerte für den Abschnitt) errechnen:

ϑ_b Faktor, der die Steigerung der Temperatur des unverbrannten Teils des Gemischs gegenüber der Anfangstemperatur T_k angibt, wie sie infolge der Verdrängungserscheinung eintritt. Definiert durch Gl. (33). Errechnet aus Gl. (36) und (46).

π Faktor, der die Steigerung des Drucks des Gemischs gegenüber dem Anfangsdruck P_k angibt, wie sie infolge der Erhitzung des bisher verbrannten Gemischteils eintritt. Definiert durch Gl. (38). Errechnet aus Gl. (39). Dazu eine Korrektur, die deshalb notwendig ist, weil die Gleichungen des Kap. 6 verschiedene thermodynamische Ungenauigkeiten enthalten (s. S. 42, oben), und deshalb bei Leuchtgasverbrennung der Druck etwas zu hoch herauskommt (Enddruckverhältnis im Beispiel 8,80, statt richtig nach Hütte I, 24. Aufl., S. 474, 7,20). Infolgedessen wurden sämtliche aus Gl. (39) gefundenen Werte mit 0,82 multipliziert.

$\frac{V_a}{V_t}$ Verhältnis des Volumens des verbrannten Teils zum Volumen des totalen Verbrennungsraums. Errechnet aus Gl. (49).

Aus ϑ_b und π findet man:

T_b Temperatur des unverbrannten Gemischteils in Grad absolut [s. Gl. (33)].

P Druck des Gemischs in kg/m^2 absolut [s. Gl. (38)].

Aus der V_a/V_t-Kurve (diese s. übrigens die Bemerkung in Beispiel 2) kann man für einen bestimmten Verbrennungsraum — hier den kugelförmigen — nach den in Kap. 7 angegebenen Verfahren die s_z- und s_l-Kurve und damit den Differentialquotienten $ds_z/ds_l = \gamma$ finden. γ ist ein Faktor, der angibt, wieviel die zusammengesetzte Geschwindigkeit w_z größer ist wie die Geschwindigkeit w_l der auf Wärmeleitung beruhenden Verbrennungsfortpflanzung (s. Anl. 18, Blatt II).

Δs_z ist der im untersuchten Abschnitt von der Flammenfront (also der Grenzzone zwischen verbranntem und unverbranntem Gemischteil) in radialer Richtung zurückgelegte Weg in Metern. Ermittelt aus der s_z-Kurve.

α. Die wachsende Vorwärmung des noch unverbrannten Gemischteils bewirkt eine ständige Steigerung der auf die Wärmeleitung zurückgehenden Verbrennungsgeschwindigkeit w_l. Diese können wir zahlenmäßig erfassen mittels (Kap. 5, Ziff. b) des Faktors α, der angibt, wieviel sich dadurch w_l gesteigert hat gegenüber einer Vergleichsgeschwindigkeit w_0, die bei einem gewissen ,,Vergleichszustand'' (s. Kap. 8) herrschen würde. Als Vergleichszustand wählen wir denjenigen Zustand des Gemischs (11 % Leuchtgas, 89 % Luft), bei dem die Temperatur T_0 288^0 abs. (und der Druck P_0 2 at abs.) beträgt, ein Zustand, der in diesem Beispiel mit dem Ausgangszustand am Beginn der Verbrennung (T_k, P_k) zusammenfällt.

Den Faktor α entnehmen wir der Kurventafel Abb. 11, in welcher der Vergleichszustand mit dem Zeiger I bezeichnet ist. Zur Benutzung der Kurventafel ist für jeden Abschnitt erforderlich die Kenntnis des Bruchs $\frac{T_z - T_{g\,\mathrm{II}}}{T_z - T_{g\,\mathrm{I}}}$. Als $T_{g\,\mathrm{II}}$, die Temperatur, die das gerade betrachtete Gemisch jeweils im Augenblick seiner Entzündung aufweist, ist hier die Temperatur T_b des betreffenden Abschnittes einzusetzen. Als Temperatur $T_{g\,\mathrm{I}}$, die Gemischtemperatur im Vergleichszustand, ist hier die Temperatur $T_g = 288^0$ abs. einzusetzen. T_z s. oben. — Zur Benutzung der Kurventafel ist ferner notwendig, daß man die Größe $\left(\frac{T_z - T_g}{T_v - T_g}\right)_{\mathrm{I}}$ kennt. $T_{g\,\mathrm{I}}$ ist wieder 288^0. T_z und T_v s. oben. Daher findet man $\frac{T_z - T_g}{T_v - T_g} = \frac{t_z - t_g}{t_v - t_g} = \frac{600 - 15}{1904 - 15} = 0{,}31$.

β Definition s. unter ,,Der Rechnung zugrunde gelegte Zahlenwerte''. Hier immer $= 1$.

Nach Gl. (60) erhält man die zusammengesetzte, also die auf Wärmeleitung und auf Verdrängungserscheinung gleichzeitig zurückgehende Geschwindigkeit w_z aus der Beziehung:

$$w_z = \gamma \cdot w_l = \alpha \cdot \beta \cdot \gamma \cdot w_0 \quad \text{oder} \quad \frac{w_z}{w_0} = \alpha \cdot \beta \cdot \gamma .$$

Da α, β und γ bekannt sind, würde man somit auch w_z für jeden Abschnitt kennen, wenn w_0 bekannt wäre. Man kann aber w_0 finden mittels des in Kap. 8 beschriebenen Verfahrens:

Man errechnet mittels Gl. (61) für jeden Abschnitt die für die Verbrennung benötigte Zeit $\Delta\tau$ aus Weg s_z und Geschwindigkeit w_z, wobei letztere allerdings noch die Unbekannte w_0 enthält (s. die Spalte in Tabelle 1). Man addiert wie in Gl. (62) die Zeitdauern aller Abschnitte zur Gesamtdauer der Verbrennung (in Beispiel 1 $16{,}64/w_0$) zusammen — auch hierin ist die Unbekannte w_0 noch vorhanden — und vergleicht den gefundenen Wert mit der experimentell gefundenen Gesamtzeitdauer τ_g. Sollen die beiden Zeitdauern einander gleich sein, so setzt das einen bestimmten Wert von w_0 voraus, der durch Auflösen der Gl. (62) nach w_0 (in Tabelle unterhalb der Spalten gerechnet) zu 0,92 m/sek gefunden wird.

w_v. Dann ist nach den Gl. (59) und (60) w_l und w_z auffindbar und ferner aus Gl. (58) die Geschwindigkeit w_v der rein auf die Verdrängungserscheinung zurückgehenden Verbrennungsausbreitung.

τ. Man kann jetzt auch die seit Einleitung des Verbrennungsvorgangs verstrichene Zeit τ auffinden. Man braucht in die Spalte $\Delta\tau = \frac{\Delta s_z}{\alpha \cdot \beta \cdot \gamma} \cdot \frac{1}{w_0}$ nur den Wert von w_0 einzusetzen, um den absoluten

Wert von $\Delta\tau$ zu erhalten, und braucht nur sämtliche vorangehenden $\Delta\tau$ zusammenzuzählen, um für einen bestimmten Abschnitt die seit Zündbeginn verstrichene Zeit τ zu bekommen.

Beispiel 2.

Es soll der Verlauf der Verbrennung untersucht werden in einer kugeligen Versuchsbombe, die unter genau denselben Vorbedingungen stattfindet wie in Beispiel 1 mit der alleinigen Ausnahme, daß die Temperatur t_k vor Beginn des Verbrennungsvorgangs nicht 15°, sondern 75° C ($T_k = 348$) betragen soll. — Der Versuch ist von Nägel ausgeführt worden unter der Versuchsnummer 60.

Der Rechnung zugrunde gelegte Zahlenwerte (vgl. auch Beispiel 1)

$T_z = 873^0$ abs.

$T_v = 1940 + 273 = 2213^0$ abs. (s. Hütte I, 24. Aufl., S. 474).

$\frac{\omega}{c_v} = 1940 - 75 = 1865.$

n_b und β wie in Beispiel 1.

Gang der Rechnung (vgl. Zahlentafel 2): Angaben werden nur so weit gemacht, als Änderungen gegenüber dem Gang der Rechnung bei Beispiel 1 vorliegen.

π. Auch hier ist eine Korrektur notwendig, weil das Drucksteigerungsverhältnis der Verbrennung nach richtiger Rechnung 6,10 ist (s. Hütte I, 24. Aufl., S. 474) statt 7,5, wie man es aus den Formeln des Kap. 6 infolge gewisser thermodynamischer Vernachlässigungen (s. S. 42, oben) erhält.

$\frac{V_a}{V_t}$ Diese Größe als Funktion von ν aufgetragen, fällt mit der entsprechenden Kurve in Beispiel 1 so nahe zusammen, daß einfachheitshalber für Beispiel 1 und 2 ein und dieselbe V_a/V_t-Kurve, nämlich der Mittelwert der beiden genau richtigen, verwendet wurde.

α In der stärkeren Geschwindigkeitssteigerung der Verbrennungsausbreitung, wie sie durch die stärkere Vorwärmung des Gemischs bedingt wird, liegt der Hauptunterschied gegenüber dem Beispiel 1. Nach dem in Kap. 8 und in Beispiel 1 Gesagten behalten wir in Beispiel 2 als Vergleichszustand konsequent denselben Vergleichszustand wie in Beispiel 1 und daher auch die Grundgeschwindigkeit w_0 bei, die in Beispiel 1 zu 0,92 m/sek gefunden wurde.

$\left.\begin{matrix} w_l \\ w_z \end{matrix}\right\}$ sind hier direkt aus Gl. (59) und (60) zu ermitteln, da diesmal w_0 aus Beispiel 1 bekannt ist.

Beispiel 3.

Bei einem schnellaufenden Benzinmotor soll der Verlauf der Verbrennung verfolgt werden. Der Motorzylinder hat 88 mm Durchmesser und 114 mm Hub. Drehzahl 1600 Umdrehungen/min. Verdichtungsverhältnis $\varepsilon = 4{,}77$. Form des Verbrennungsraums: Ebener Kolbenboden, ebene Zylinderdeckelinnenwand, Ventile in der Mittelebene des Motors im Zylinderdeckel nebeneinander. Zündkerze seitlich nahe der Zylinderwand; die Form entspricht also der Abb. 18 I, Bild c. Brennstoffgemisch: Benzin und Luft im Verhältnis 1 : 14,5.

Die Zündung erfolgt 45° Kurbelwinkel vor oberem Totpunkt.

Ein Versuch unter diesen Bedingungen ist von Gibson ausgeführt worden (s. S. 50 und 68).

Die Zahlen ohne Benennung an der P_k- und T_k-Kurve geben an, um wieviele Prozente infolge der Kolbenbewegung sich Druck und Temperatur im Vergleich zu den im Zündzeitpunkt herrschenden Werten steigern.
Ohne Klammern: Beispiel 3,
Mit ( ) „ : „ 4,
Mit [ ] „ : „ 5.

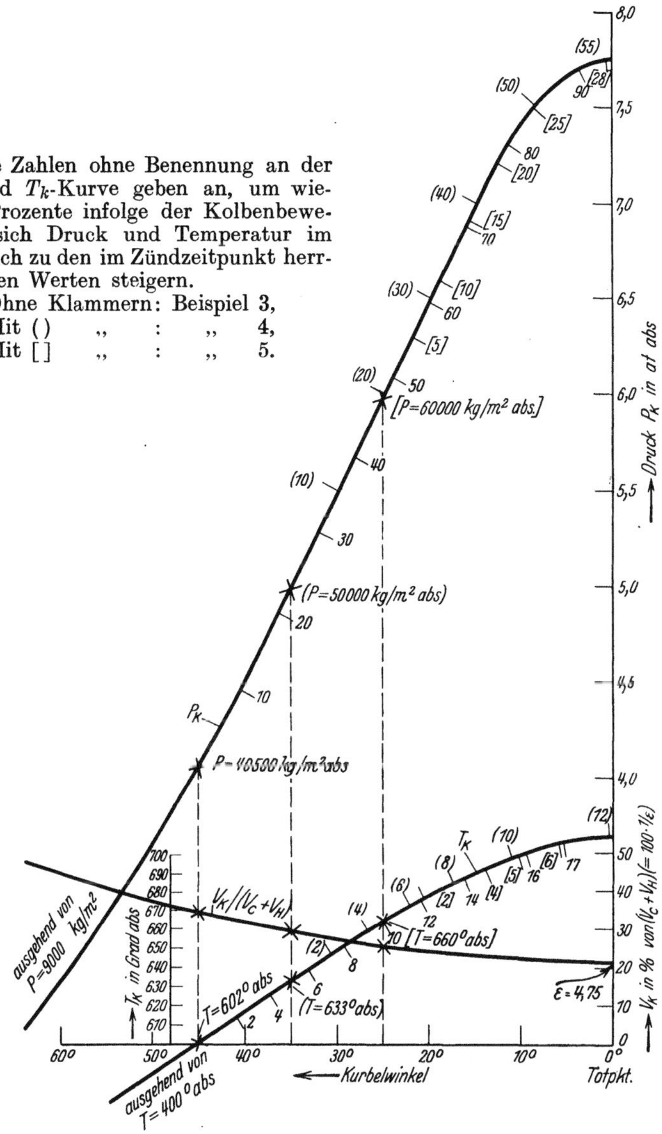

Abb. 22. Temperatur, Druck und Volumen gegen Ende des Verdichtungshubs vor dem Zeitpunkt der Zündung. Zu Beispiel 3, 4 und 5.

a) Vorbereitende Rechnung über die Verdrängungserscheinung.

Kurvenblatt Abb. 22 stellt die Druck- und Temperaturverhältnisse am Ende des Kompressionshubs unter der Voraussetzung dar, daß zu

Beginn der Kompression die Temperatur 400^0 abs. und der Druck 0,9 at abs. betragen hat und der Kompressionsexponent mit 1,35 einzusetzen ist. Diejenige Temperatur T_k und derjenige Druck P_k, bei dem die Zündung erfolgt, liegt bei 602^0 abs. und 40500 kg/m² abs. Die bei der Verbrennung im unveränderlichen Raum zu erwartende Verbrennungstemperatur betrage für das verwendete Benzin etwa $t_v = 2350^0$ C oder $T_v = 2623^0$ abs. (berechnet nach Ricardo: Schnelllaufende Verbrennungsmaschinen, deutsche Ausgabe, S. 60—63). Dann wird nach Gl. (52)

$$\frac{\omega}{c_v} = T_v - T_k = 2623 - 602 = 2021.$$

Der Exponent n_b, also der Exponent der Verdichtung des jeweils noch unverbrannten Teils der Ladung, soll $= 1{,}3$ sein, ein weiter unten noch zu erörternder Wert. Mit diesen Werten kann man die Gl. (36) und (46) aufstellen und für jedes ν die Unbekannten ϑ_b und n_a daraus finden. Mit Hilfe der Gl. (39) ist dann π, mit Hilfe von Gl. (49) auch V_a/V_t auffindbar; die V_a/V_t-Kurven der Beispiele 3, 4 und 5 sind einander so ähnlich, daß einfachheitshalber für alle Beispiele ein und dieselbe mittlere Kurve verwendet worden ist. Diese ist aus Abb. 19 zu ersehen, in welcher sie ebenfalls benützt worden ist. Die Werte ϑ_b und π sind in die Tabelle 3, 4 und 5 eingetragen.

b) Schätzung der Zündtemperatur t_z.

Wenn man in der Literatur die Zündtemperaturen von Benzin-Luft-Gemischen nachschlägt, findet man meist Werte in der Nähe von 400^0 C. Es kann aber kein Zweifel bestehen, daß die Zündtemperatur für den Zustand, in dem sich das Gemisch im laufenden Motor befindet, erheblich höher liegt. Schon die Verdichtungstemperatur des Gemischs am Ende des Kompressionshubs überschreitet meist 400^0, so daß, wenn die Zündtemperatur bei 400^0 läge, schon durch die Verdichtungswärme Selbstzündung des Gemischs eintreten müßte. In Wirklichkeit kommt aber noch dazu, daß das Auspuffventil Temperaturen in der Größenordnung von 600—800^0 C aufweist (s. z. B. die Gibsonsche Arbeit), so daß aus der Tatsache, daß ein richtig gebauter Benzinmotor, wenn man die elektrische Zündung plötzlich abstellt, nicht einfach durch Selbstzündung am heißen Auspuffventil weiterläuft, zu schließen ist, daß die Zündtemperatur die Grenze von 600—800^0 mindestens erreichen muß.

Außerdem muß die Zündtemperatur aus dem Grunde erheblich über der Kompressionsendtemperatur liegen, weil der unverbrannte Teil des Gemischs, durch den verbrannten zusammengedrückt, noch wesentlich über die Kompressionsendtemperatur hinaus verdichtet wird und bei ordnungsgemäßem Betrieb erfahrungsgemäß auch dabei noch nicht zur Selbstzündung kommt; denn die gleichzeitige Entzündung größerer Gemischmengen, wie sie bei Selbstzündung vorliegt, würde sich durch die weiter unten erörterte Erscheinung der Detonation, des sogenannten Klopfens des Motors, bemerkbar machen. Wieweit die Temperatur des unverbrannten Teils bei der Verdrängungserscheinung gehoben wird, hängt davon ab, wie hoch der Verdichtungsexponent n_b ist, wie groß also die Wärmeverluste an die Wand bei der Verdichtung sind. Wenn man auf den ersten Blick bei der Kürze des Vorgangs meinen könnte, daß überhaupt keine merklichen Wärmeverluste hierbei eintreten könnten, so gibt es doch Erfahrungstatsachen, die darauf schließen lassen, daß solche doch da sind: Wenn die Zündkerze so angebracht ist, daß der Verdichtungsvorgang sich in der Nähe warmer Teile (Auspuffventil) abspielt, so wird nach der Erfahrung die Detonationsgefahr größer, als wenn der unverbrannte Teil des Gemischs in einen von kühlen Wänden umgebenen Teil des Verbrennungsraums hineingedrängt wird. Ferner spürt man hinsichtlich der Gefahr der Detonation erfahrungsgemäß ausgesprochen den Einfluß der Verrußung der Wände des Verbrennungsraums in dem Sinn, daß bei dickerem Rußbelag, also wohl geringerer Gelegenheit zur Wärmeableitung, die Neigung zum Klopfen wächst[1]. Offenbar ist also, wohl infolge der Verwirbelung, trotz der Kürze der Zeit ein gewisser Wärmeübergang an die Wände vorhanden. Wenn man so einen Exponenten $n_b = 1{,}3$ einsetzt, so führt die Forderung, daß man bei ordnungsgemäßem Betrieb bei der Verdichtung infolge der Verdrängungserscheinung gerade noch keine Detonation erhält, auf Zündtemperaturen t_z in der Nähe von 800° C. Sollte in Wirklichkeit n_b etwas höher oder niederer liegen, so entsprächen dem höhere bzw. niederere Werte von t_z. Wie man aus den nachfolgenden Rechnungen sich wird überzeugen können, würde aber ein mäßiger Fehler in der Schätzung von t_z nicht allzuviel am Ergebnis ändern.

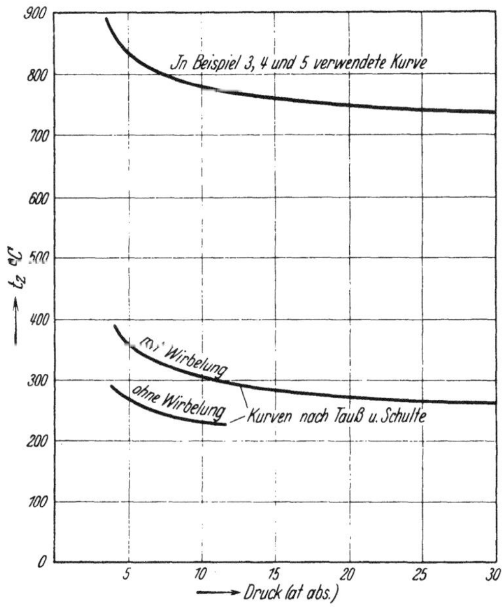

Abb. 23. Zündtemperaturen (Benzin-Luft-Gemisch).

Der Widerspruch zwischen der Höhe der Zündtemperatur, wie sie anscheinend im Motor vorhanden ist, und derjenigen, die man bei Laboratoriumsversuchen in geheizten geschlossenen Räumen findet, erklärt sich wohl, wenigstens teilweise, aus der Verwirbelung des Gemischs. Bei den ausführlichen Versuchen über Zündtemperaturen, die Tauß

[1] Systematisch untersucht von Neil Mac Coull und Brooks. Motorwagen 1927, S. 541.

und Schulte[1] angestellt haben, ist auffällig, daß bei Verwirbelung die Zündtemperaturen um etwa 80 °C höher gefunden wurden wie bei ruhendem Gemisch. Dabei war die Art der Erzeugung der Wirbelung noch von großem Einfluß, denn erst, nachdem diese durch Verwendung einer Düse gewissermaßen normalisiert worden war, erhielt man einheitliche Werte, während vorher die Ergebnisse stark gestreut hatten. Möglicherweise schafft daher die Verwirbelung im laufenden Motor Verhältnisse, die eine so starke Steigerung der Zündtemperatur erklären können. — Tauß und Schulte haben auch eine ziemlich starke Abhängigkeit der Zündtemperatur vom Druck gefunden.

Den nachfolgenden Berechnungen sind die Versuchswerte von Tauß und Schulte zugrunde gelegt worden mit der Abweichung, daß das ganze Temperaturniveau so hoch gehoben wurde, daß die Zündtemperatur in der Nähe von 800 °C liegen (s. Kurventafel Abb. 23).

c) Gang der Rechnung (s. Zahlentafel 3).

Das Verfahren ist hier in gekürzter Form wiedergegeben, da es grundsätzlich das nämliche ist wie bei Beispiel 1, auf das deshalb auch vielfach verwiesen werden wird.

ν, ϑ_b, π s. Beispiel 1.

$\vartheta_\varsigma, \pi_\varsigma$. Bei diesem Beispiel steigert (bzw. ändert) sich die Temperatur des unverbrannten Teils und der Druck des Gemisches nicht nur infolge der Verdrängungserscheinung, sondern auch noch infolge der Volumenabnahme (bzw. nach Totpunkt, -Zunahme) des Verbrennungsraums, welche durch die Kolbenbewegung während des Verbrennungsvorgangs bewirkt wird. Letztere Einwirkung kann aus der Kurventafel Abb. 22 abgelesen werden, in der die Faktoren ϑ_s und π_s angegeben sind. ϑ_s ist ein Faktor, der angibt, um wieviel sich die absolute Temperatur des Gemischs (also auch des unverbrannten Teils) gegenüber der bei Verbrennungsbeginn (45° vor oberem Totpunkt) herrschenden Temperatur $T_k = 602°$ abs. infolge der Kolbenbewegung (Verdichtungswärme) geändert hat; $\vartheta_s = 1{,}05$ bedeutet z. B., daß die absolute Temperatur um 5% gestiegen ist. π_s ist ein Faktor, der angibt, um wieviel der absolute Druck des Gemischs (also auch des unverbrannten Teils) sich gegenüber dem bei Verbrennungsbeginn (45° vor oberem Totpunkt) herrschenden Druck $P_k = 40\,500$ kg/m² infolge der Kolbenbewegung geändert hat; $\pi_s = 1{,}07$ bedeutet z. B., daß der absolute Druck um 7% gestiegen ist.

Zur Ablesung von ϑ_s und π_s muß man wissen, von welcher Kurbelstellung bis zu welcher anderen der betrachtete Abschnitt sich erstreckt, um dann den Mittelwert ablesen zu können. In den Tabellen 3—5 wurde zunächst der Kurbelwinkelbereich des Abschnitts geschätzt, der Mittelwert von ϑ_s und π_s abgelesen und dann die Rechnung für den Abschnitt durchgeführt, wobei am Schluß der Rechnung sich ein richtigerer Kurbelwinkelbereich ergab. Mit diesem gefundenen Wert wurde die Rechnung wiederholt, und so ein neuer, noch richtigerer

[1] Z. V. D. I. 1924, S. 574.

Kurbelwinkelbereich gefunden. Nötigenfalls wurde das Verfahren nochmal wiederholt, bis der anfänglich bei der Ablesung von ϑ_s und π_s eingesetzte Kurbelwinkelbereich sich genügend genau deckte mit dem, der am Ende der Zeile als Resultat der Rechnung gefunden wurde.

Der endgültige totale Temperatur- bzw. Drucksteigerungsfaktor ist

$$\vartheta_{bt} = \vartheta_b \cdot \vartheta_s,$$

$$\pi_t = \pi \cdot \pi_s.$$

ϑ_{bt} und π_t sind also Faktoren, die angeben, um wieviel sich die absolute Temperatur des unverbrannten Gemischteils bzw. der absolute Druck des Gemischs sich verändert hat gegenüber der Anfangstemperatur T_k bzw. dem Anfangsdruck P_k, und zwar als Folge sowohl der Verdrängungserscheinung als auch der Kolbenbewegung.

T_b die absolute Temperatur des unverbrannten Gemischteiles. $T_b = \vartheta_{bt} \cdot T_k$.

P der absolute Druck des Gemischs in kg/m². $P = \pi_t \cdot P_k$.

T_z die absolute Entzündungstemperatur des Gemischs (s. oben unter b und Abb. 23).

$100 \cdot \frac{T_z - T_b}{T_z - T_0}$, α s. Beispiel 1. Hier ist als „Vergleichszustand" (s. Kap. 8) der Zustand zu Beginn der Verbrennung gewählt, in dem $T_0 = 602^0$ abs. ($= T_k$) und $P_0 = 40500$ kg/m² abs. ($= P_k$) beträgt. Das zugehörige $T_z = 860^0$ C oder 1133^0 abs. Demnach beträgt der Wert $\frac{T_z - T_{g\,\mathrm{I}}}{T_v - T_{g\,\mathrm{I}}} = \frac{T_z - T_0}{T_v - T_0} = \frac{1133 - 602}{2623 - 602} = 0{,}26$ (Abb. 11). Für jeden Abschnitt muß ferner (Abb. 11, Abszisse) $\frac{T_z - T_{g\,\mathrm{II}}}{T_z - T_{g\,\mathrm{I}}}$ berechnet werden. (T_z s. oben). $T_{g\,\mathrm{II}}$ bzw. $T_{g\,\mathrm{I}}$ sind die Gemischtemperaturen für den jeweils betrachteten Abschnitt bzw. für den „Vergleichszustand"; somit ist $T_{g\,\mathrm{II}} = T_b$ und $T_{g\,\mathrm{I}} = T_0 = 602^0$ abs. zu setzen, und der obige Bruch kann auch in der Form geschrieben werden: $\frac{T_z - T_b}{T_z - T_0}$.

β Faktor, der angibt, um wieviel sich die Geschwindigkeit der auf Wärmeleitung beruhenden Verbrennungsfortpflanzung w_l gegenüber der Geschwindigkeit w_0 im Vergleichszustand (diesen s. unter α) geändert hat infolge der Dichteveränderung des unverbrannten Gemischteils. Hier ist die Gl. (26) zugrunde gelegt (s. auch S. 36).

w_l aus Gl. (59).

w_0 Allgemeine Definitionen von w_l und w_0 s. Kap. 7. Hier ist w_0 die Geschwindigkeit der auf Wärmeleitung beruhenden Verbrennungsfortpflanzung, wenn das brennbare Gemisch aus einem Benzin-Luft-Gemisch im Verhältnis 1 : 14,5 besteht, den im eingangs beschriebenen Benzinmotor vorhandenen Grad von Verwirbelung, eine Temperatur von $T_k = 602^0$ abs. und einen Druck von $P_k = 40500$ kg/m² abs. aufweist.

w_0 wurde nach der in Kap. 8 angegebenen Methode zu 5,64 m/sek bestimmt, indem w_0 bei wiederholtem Durchrechnen des ganzen Verbrennungsvorgangs so lange variiert wurde, bis die errechnete Gesamtdauer des Verbrennungsvorgangs mit der von Gibson experimentell bestimmten (ausgemessen aus dem Diagramm) zusammenfiel.

Zahlentafel

Beispiel Nr.	Abschnitt des Verbrennungsvorgangs	ϑ_b	π	ϑ_{bs}	π_s	ϑ_{bt}	π_t	T_b Grad abs.	P kg/m² abs.	T_z Grad abs.	$100 \cdot \frac{T_z - T_b}{T_z - T_o}$ %	α
3	v = 0,000 bis 0,025	1,01	1,05	1,04	1,20	1,05	1,26	632	51000	1109	94	1,07
	0,025 „ 0,05	1,02	1,10	1,10	1,50	1,12	1,65	676	67000	1081	85	1,24
	0,05 „ 0,1	1,04	1,20	1,13	1,65	1,17	1,98	707	80000	1068	78	1,36
	0,1 „ 0,2	1,09	1,46	1,15	1,81	1,26	2,64	758	107000	1050	65	1,59
	0,2 „ 0,3	1,15	1,87	1,17	1,89	1,34	3,54	810	143000	1033	51	1,92
	0,3 „ 0,4	1,20	2,25	1,18	1,91	1,42	4,30	852	174000	1028	41	2,20
	0,4 „ 0,5	1,25	2,60	1,18	1,91	1,47	4,97	888	201000	1021	32	2,45
	0,5 „ 0,6	1,29	3,00	1,17	1,90	1,51	5,70	910	231000	1014	25	2,75
	0,6 „ 0,7	1,32	3,44	1,17	1,87	1,54	6,43	930	260000	1013	20	2,97
	0,7 „ 0,8	1,36	3,85	1,16	1,85	1,58	7,12	950	288000	1008	14	3,38
	0,8 „ 0,9	1,39	4,25	1,16	1,82	1,61	7,72	972	313000	1008	9	3,80
	0,9 „ 1,0	1,43	4,70	1,15	1,78	1,64	8,40	990	340000	1008	4,5	4,60
4	0,00 bis 0,025	1,01	1,05	1,04	1,15	1,05	1,21	664	60000	1090	87	1,20
	0,025 „ 0,05	1,02	1,10	1,08	1,35	1,10	1,49	697	74000	1073	80	1,32
	0,05 „ 0,1	1,04	1,20	1,10	1,45	1,14	1,74	724	87000	1063	74	1,42
	0,1 „ 0,2	1,09	1,46	1,11	1,53	1,21	2,23	766	112000	1048	63	1,63
	0,2 „ 0,3	1,15	1,82	1,12	1,55	1,29	2,82	814	141000	1035	51	1,92
	0,3 „ 0,4	1,19	2,20	1,11	1,52	1,32	3,34	838	167000	1028	45	2,04
	0,4 „ 0,5	1,24	2,55	1,10	1,50	1,36	3,83	864	191000	1023	38	2,25
	0,5 „ 0,6	1,27	2,90	1,10	1,46	1,39	4,24	882	212000	1018	33	2,42
	0,6 „ 0,7	1,31	3,25	1,09	1,42	1,43	4,61	903	230000	1015	27	2,64
	0,7 „ 0,8	1,35	3,64	1,08	1,38	1,46	5,02	926	251000	1013	21	2,93
	0,8 „ 0,9	1,38	4,00	1,08	1,34	1,49	5,36	945	268000	1010	16	3,25
	0,9 „ 1,0	1,41	4,40	1,07	1,30	1,51	5,72	955	286000	1009	13	3,50
5	0,00 bis 0,025	1,01	1,05	1,03	1,11	1,04	1,17	691	70000	1078	81	1,35
	0,025 „ 0,05	1,02	1,10	1,05	1,22	1,07	1,34	711	81000	1068	77	1,38
	0,05 „ 0,1	1,04	1,20	1,06	1,28	1,10	1,54	732	92000	1058	72	1,46
	0,1 „ 0,2	1,09	1,46	1,07	1,28	1,17	1,87	750	112000	1048	61	1,68
	0,2 „ 0,3	1,14	1,76	1,05	1,25	1,20	2,20	796	132000	1038	57	1,77
	0,3 „ 0,4	1,19	2,10	1,05	1,20	1,24	2,52	825	151000	1033	48	1,98
	0,4 „ 0,5	1,23	2,46	1,04	1,15	1,28	2,83	850	170000	1028	42	2,15
	0,5 „ 0,6	1,27	2,80	1,03	1,10	1,31	3,08	871	185000	1023	36	2,32
	0,6 „ 0,7	1,30	3,15	1,02	1,05	1,33	3,31	882	199000	1021	33	2,42
	0,7 „ 0,8	1,33	3,60	1,01	1,01	1,35	3,63	895	218000	1018	30	2,50
	0,8 „ 0,9	1,36	3,82	1,00	0,97	1,36	3,70	905	222000	1018	27	2,64
	0,9 „ 1,0	1,39	4,16	0,98	0,92	1,36	3,83	907	230000	1015	26	2,68

w_z, γ aus Gl. (60). Defin. von w_z s. Kap. 7. In Gl. (60) kommt die Größe γ vor; Defin. s. Kap. 7; erhalten aus der Kurventafel Abb. 18, Bl. II, Kurve c.

w_v aus Gl. (58). Defin. s. Kap. 7.

Δs_z der im untersuchten Abschnitt von der Flammenfront in radialer Richtung zurückgelegte Wegabschnitt; gewonnen aus der s_z-Kurve der Abb. 19, die für Verbrennungsraumform c gezeichnet ist, mit der Änderung, daß alle dort für 100 mm Zylinderdurchmesser gefundenen Werte mit Rücksicht auf den 88 mm betragenden Zylinderdurchmesser des vorliegenden Beispiels mit 0,88 multipliziert wurden.

$\Delta \tau$ aus Gl. (61). Die für die Zurücklegung des Abschnitts von der Verbrennung benötigte Zeitdauer in Sekunden.

τ die seit Einleitung des Verbrennungsvorgangs verstrichene Zeit. $\tau = \sum(\Delta \tau)$. In jeder Zeile ist die bis Ende des betrachteten Abschnitts verstrichene Zeit τ angegeben.

$\Delta \varphi$ der während des Abschnitts (d. h. während der Zeit $\Delta \tau$) von der Motorkurbel zurückgelegte Winkel in Grad, errechnet aus der Gleichung

3, 4 und 5.

β	γ	w_l	w_z	w_v	Δs_z	$\Delta\tau$	τ	$\Delta\varphi$	φ_a	φ_e
		m/sek	m/sek	m/sek	m	sek	sek	Grad	Grad	Grad
1,08	1,40	6,52	9,13	+ 2,61	0,0172	0,00188	0,00188	18,1	45 vor	26,9 vor
1,18	1,37	8,25	11,30	3,05	0,0070	0,00062	0,00250	6,0	26,9	20,9
1,26	1,53	9,65	14,75	5,10	0,0101	0,00068	0,00318	6,6	20,9	14,3
1,38	1,43	12,40	17,77	5,37	0,0130	0,00073	0,00391	7,1	14,3	7,3
1,52	1,10	16,40	18,07	+ 1,67	0,0090	0,00050	0,00441	4,8	7,2	2,4 vor
1,63	0,92	20,20	18,65	− 1,55	0,0063	0,00034	0,00475	3,2	2,4 vor	0,8 nach
1,71	0,82	25,7	19,4	4,3	0,0051	0,00026	0,00501	2,5	0,8 nach	3,3
1,79	0,75	27,7	20,8	6,9	0,0047	0,00023	0,00524	2,2	3,3	5,5
1,84	0,68	30,9	21,0	9,9	0,0043	0,00021	0,00545	2,0	5,5	7,5
1,92	0,60	36,6	21,9	14,7	0,0040	0,00018	0,00563	1,8	7,5	9,3
1,98	0,49	42,4	20,7	21,7	0,0037	0,00018	0,00581	1,7	9,3	11,0
2,03	0,35	52,6	18,4	− 34,2	0,0035	0,00019	0,00600	1,8	11,0 nach	12,8 nach
1,14	1,40	7,7	10,7	+ 3,1	0,0172	0,00158	0,00158	15,2	35 vor	19,8 vor
1,22	1,37	9,1	12,5	3,4	0,0070	0,00056	0,00214	5,4	19,8	14,4
1,29	1,53	10,4	15,9	5,5	0,0101	0,00064	0,00278	6,1	14,4	8,3
1,40	1,43	12,9	18,5	5,6	0,0130	0,00071	0,00349	6,8	8,3	1,5 vor
1,52	1,10	16,4	18,1	+ 1,7	0,0090	0,00050	0,00399	4,8	1,5 vor	3,3 nach
1,60	0,90	18,4	16,6	− 1,8	0,0063	0,00038	0,00437	3,6	3,3 nach	6,9
1,67	0,82	21,2	17,4	3,8	0,0051	0,00029	0,00466	2,8	6,9	9,7
1,75	0,75	24,0	18,0	6,0	0,0047	0,00026	0,00492	2,5	9,7	12,2
1,79	0,68	26,6	18,1	8,5	0,0043	0,00024	0,00516	2,3	12,2	14,5
1,83	0,60	30,2	18,1	12,1	0,0040	0,00022	0,00538	2,1	14,5	16,6
1,88	0,49	34,4	16,9	14,5	0,0037	0,00022	0,00560	2,1	16,6	18,7
1,91	0,35	37,7	13,2	− 24,5	0,0035	0,00026	0,00586	2,5	18,7 nach	21,2 nach
1,20	1,40	9,2	12,8	+ 3,7	0,0172	0,00133	0,00133	12,8	25 vor	12,2 vor
1,26	1,37	9,8	13,7	3,6	0,0070	0,00052	0,00185	5,0	12,2	7,2
1,32	1,53	10,9	16,6	5,7	0,0101	0,00061	0,00246	5,8	7,2	1,4 vor
1,41	1,43	13,4	19,2	5,8	0,0130	0,00068	0,00314	6,5	1,4 vor	5,1 nach
1,48	1,10	14,8	16,3	+ 1,5	0,0090	0,00055	0,00369	5,3	5,1 nach	10,4
1,56	0,92	17,4	16,0	− 1,4	0,0063	0,00039	0,00408	3,8	10,4	14,2
1,61	0,82	19,6	16,0	3,6	0,0051	0,00032	0,00440	3,1	14,2	17,3
1,66	0,75	21,7	16,3	5,4	0,0047	0,00020	0,00160	2,8	17,3	20,1
1,70	0,68	23,2	15,8	7,4	0,0043	0,00027	0,00496	2,6	20,1	22,7
1,75	0,60	24,7	14,8	9,9	0,0040	0,00027	0,00523	2,6	22,7	25,3
1,76	0,49	26,2	12,8	13,4	0,0037	0,00029	0,00552	2,8	25,3	28,1
1,78	0,35	27,0	9,4	− 17,6	0,0035	0,00037	0,00589	3,6	28,1 nach	31,7 nach

$\Delta\varphi = \frac{n}{60} \cdot 360 \cdot \Delta\tau = 6 \cdot n \cdot \Delta\tau$, wenn n die hier 1600 betragende Drehzahl pro Minute.

φ_a Winkelstellung der Kurbel zu Beginn des betrachteten Abschnitts in Grad vor bzw. nach oberem Totpunkt.

φ_e dasselbe zu Ende des betrachteten Abschnitts. $\varphi_e = \varphi_a + \Delta\varphi$.

Beispiel 4 und 5.

Es soll der Verlauf der Verbrennung in demselben Benzinmotor wie in Beispiel 3 untersucht werden; der einzige Unterschied gegenüber dem Beispiel 3 soll darin bestehen, daß der Zeitpunkt der Zündung nun nicht 45^0, sondern erst 35^0 $\{$und $25^0\}$[1] Kurbelwinkel vor oberem Totpunkt liegen soll.

Auch unter diesen Vorbedingungen ist je ein Versuch von Gibson durchgeführt worden.

[1] Die Werte in $\{\}$ beziehen sich immer auf Beispiel 5.

a) Vorbereitende Rechnung über die Verdrängungserscheinung. Aus dem Kurvenblatt Abb. 22 geht hervor, daß nunmehr die Temperatur T_k und der Druck P_k, bei dem die Zündung erfolgt, 633° abs. {660} und 50000 kg/m² abs. {60000} betragen. Setzt man den Wert T_k unter Beibehaltung des für Beispiel 3 errechneten Werts von $\frac{\omega}{c_v} = 2021$ und des Exponenten $n_b = 1{,}3$ in die Gleichungen (36) und (46) ein, so erhält man aus diesen und der Gl. (39) ϑ_b und π und mit Hilfe von Gl. (49) auch V_a/V_t; letzteres s. auch in Beispiel 3.

b) Für die Zündtemperatur t_z sind dieselben Annahmen gemacht worden wie beim Beispiel 3.

c) Gang der Rechnung.

ν, ϑ_b, π, ϑ_s, π_s, ϑ_{bt}, π_t, T_b, P ... wie in Beispiel 3, jedoch für die für Beispiel 4 und 5 gültigen Zahlenwerte ausgerechnet.

$100 \cdot \frac{T_z - T_b}{T_z - T_0}$ Als Vergleichszustand, dem gegenüber die Geschwindigkeitssteigerung festgestellt wird, ist konsequent (s. Kap. 8) der nämliche beibehalten worden wie in Beispiel 3 : $T_0 = 602^0$ abs., $P_0 = 45000$ kg/m² abs. Infolgedessen ist der Bruch $100 \cdot \frac{T_z - T_0}{T_v - T_0}$ derselbe wie in Beispiel 3; im Bruch $100 \cdot \frac{T_z - T_b}{T_z - T_0}$ sind für T_z und T_b die für den betrachteten Abschnitt gültigen Werte eingesetzt.

β Wegen des Vergleichszustandes s. vorigen Absatz.

w_l wie in Beispiel 3.

w_0 Da der Vergleichszustand derselbe ist wie in Beispiel 3, ist auch die Grundgeschwindigkeit dieselbe wie in Beispiel 3, nämlich 5,64 m/sek.

γ, w_z, w_v, Δs_z, $\Delta\tau$, τ, $\Delta\varphi$, φ_a, φ_e wie in Beispiel 3, jedoch für die in Beispiel 4 und 5 gültigen Zahlenwerte ausgerechnet.

10. Die Ergebnisse der Rechnung und die Ergebnisse des Versuchs.

Beispiel 1 und 2. — Beispiel 3, 4 und 5: Übereinstimmung von Druckverlauf, Geschwindigkeiten, Temperaturen.

Beispiel 1.

Vergleicht man, entsprechend der in Kap. 8 ausgesprochenen Absicht, die errechneten und die von Nägel beobachteten Druck-Zeit-Kurven (Abb. 24), so sieht man, daß diese in ihrem allgemeinen Charakter ziemlich übereinstimmen. Nachdem auf die Zündung hin der Druck beträchtliche Zeit — etwa während des ersten Drittels der gesamten Verbrennungsdauer — nur ganz wenig ansteigt, nimmt er im weiteren Verlauf in nach oben konkaver Kurve immer stärker zu; der Hauptanteil des Druckanstiegs ist ziemlich in die letzten Stadien des Verbrennungsvorgangs zusammengedrängt.

Ein erheblicher Unterschied zwischen der gerechneten und der beobachteten Kurve liegt darin, daß die gerechnete durchweg höher liegt. Hier ist aber der Fehler offenbar an der beobachteten Kurve zu suchen, wie man aus einem Vergleich der Enddrücke feststellen kann. In der gerechneten Kurve ist nämlich von vornherein (s. S. 56 unter π) durch eine Korrektur dafür gesorgt worden, daß der Enddruck — unter einer mäßig großen Abweichung von den Ergebnissen der in vorliegender Arbeit aufgestellten Gleichungen — so hoch ausfällt, wie er sich nach den üblichen thermodynamischen Rechnungsmethoden für Verbrennung bei gleichbleibendem Raum herausstellt; nachdem diese auf ziemlich gesicherter Grundlage beruhen und allgemein anerkannt werden, ist wohl anzunehmen, daß die vorhandene Abweichung auf der Seite des Versuchs zu suchen ist. Die Wärmeverluste an die Gefäßwände können die Abweichung wohl nur zu einem geringen Teil erklären; wahrscheinlich ist der größere Teil des Fehlers im Verhalten des benutzten Membranindikators zu suchen, der, wie auch in der Nägelschen Arbeit betont wird, Anlaß zu Zweifeln an der Richtigkeit der Maßstabseigenschaften der Membran gegeben hat. Nimmt man an, die

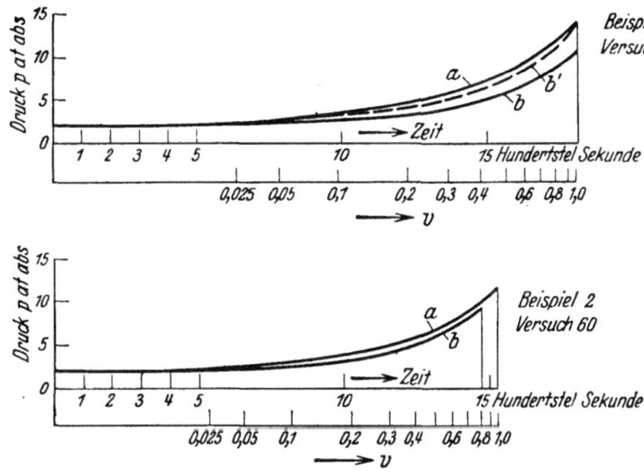

Abb. 24 u. 25. Druck-Zeit-Kurven für Beispiel 1 und 2.
a gerechnete Kurven; b von Nägel beim Versuch gefundene Kurven b' wie b, jedoch p-Maßstab proportional vergrößert.

mangelhafte Übereinstimmung der Enddrücke sei auf einen Maßstabsfehler des Indikators zurückzuführen und schaltet man den angenommenen Maßstabsfehler dadurch aus, daß man die Ordinaten der Versuchskurve so weit proportional vergrößert, daß der Enddruck der gemessenen Kurve mit dem der gerechneten zusammenfällt (Kurve b'), so zeigen beide Kurven eine ziemlich gute Übereinstimmung.

Angaben über Geschwindigkeiten und Temperaturen s. Zahlentafel 1.

Beispiel 2.

Die Druck-Zeit-Kurven (Abb. 25) zeigen auch hier eine ziemlich gute Übereinstimmung. Da die vorhandene Abweichung von vornherein kleiner ist wie bei Beispiel 1, wurde davon abgesehen, eine Kurve mit korrigiertem Ordinatenmaßstab einzuzeichnen.

In diesem Fall ist auch die Gesamtdauer des errechneten Verbrennungsvorgangs nicht von vornherein mit der des beobachteten identisch gemacht worden, sondern aus dem aus Beispiel 1 gewonnenen

Wert $w_0 = 1{,}92$ m/sek heraus berechnet. In Beispiel 1 hatte die Gesamtzeitdauer 0,180 sek betragen. Wir finden in Beispiel 2 rechnerisch eine Gesamtzeitdauer von 0,152 sek; die gemessene beträgt nach N ä g e l 0,147 sek. Die Verkleinerung der Gesamtzeitdauer, die eine Folge der höheren Vorwärmung des Gemischs in Beispiel 2 gegenüber dem Beispiel 1 ist, ist also von der Rechnung in ziemlich guter Übereinstimmung mit der Wirklichkeit gefunden worden.

Angaben über Geschwindigkeiten und Temperaturen s. Zahlentafel 2.

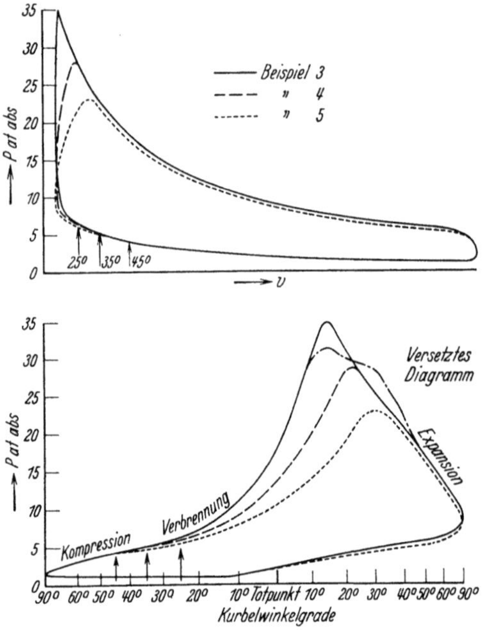

Abb. 26. Druck-Volumen- und „versetzte“ Diagramme, konstruiert aus den Ergebnissen der Rechnung.

Beispiel 3, 4 und 5.

D r u c k v e r l a u f. Auch hier wurden, in Übereinstimmung mit den Ausführungen der S. 50 und 51, aus den Spalten P, φ_a, φ_e der Tabelle 3, 4 und 5 die Druckvolumendiagramme konstruiert (Abb. 26). Diesen stehen die von G i b s o n (s. Fußnote S. 50) experimentell gefundenen Indikatordiagramme[1] zum Vergleich gegenüber (Abb. 27). Ferner wurden aus denselben Spalten auch die sogenannten „versetzten“ Druckdiagramme ermittelt (Abb. 26, unten), das heißt die Diagramme, die man beim Indizieren dann er-

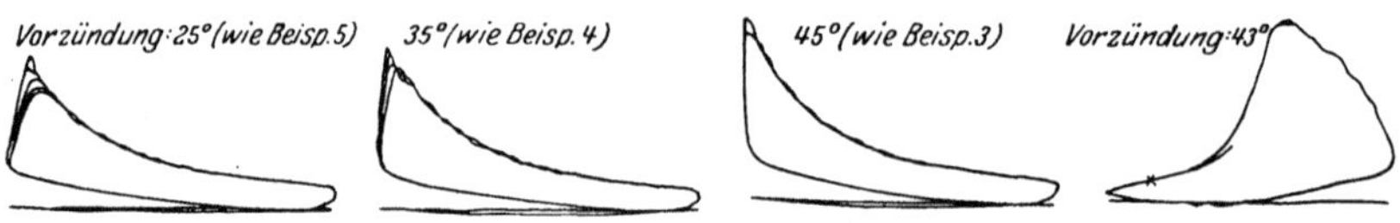

Abb. 27. Von Gibson aufgenommene Indikatordiagramme[2].

hält, wenn der Schnurantrieb der Indikatortrommel um 90^0 gegen die Motorkurbel versetzt ist, wodurch die Diagrammteile in der Nähe des Totpunktes deutlicher erkennbar gemacht werden. Diesen steht für

[1] Von den aus Engg. 1923, S. 817 und 788 entnommenen Diagrammen gehört das versetzte Diagramm nicht zur selben Versuchsreihe wie die unversetzten. Wie man sich aber aus der Veröffentlichung überzeugen kann, ist der bei Aufnahme des versetzten Diagramms vorliegende Betriebszustand praktisch identisch gewesen mit demjenigen, bei dem das unversetzte, dem Beispiel 3 entsprechende Diagramm aufgenommen worden ist.

[2] Die ersten 3 Diagramme aus Engg. 1923, S. 817, obere Reihe; das letzte aus Engg. 1923, S. 788, für Luft : Benzin = 14,53.

Beispiel 3 das von Gibson veröffentlichte versetzte Indikatordiagramm gegenüber.

Man sieht, daß die gerechneten und die beobachteten Diagramme im wesentlichen übereinstimmen; darin ist wohl der Beweis dafür zu erblicken, daß die Rechnung und die ihr zugrunde liegenden Voraussetzungen wenigstens im großen und ganzen richtig gewesen sind.

Eine Abweichung zwischen den berechneten und beobachteten Diagrammen zeigt sich an den Spitzen der Diagramme, also im allerletzten Stadium des Verbrennungsvorgangs; dies ist am deutlichsten zu sehen beim versetzten Diagramm des Beispiels 3. In Wirklichkeit ist die Spitze nicht so ausgeprägt wie nach der Rechnung, d. h. am Schluß des Verbrennungsvorgangs, etwa wenn die letzten 20% des Gemischs noch verbrannt werden sollen, verlangsamt sich die Verbrennung; sie zieht sich dafür noch etwas in den Anfang des Expansionshubs hinüber. Die natürliche Erklärung dieser Erscheinung ist folgende: Wenn die Flammenfront so weit fortgeschritten ist, daß etwa 80 Gewichtsprozente der Ladung schon verbrannt sind, dann bestehen die noch unverbrannten 20% aus einer sehr schmalen, gewissermaßen an die Zylinderwand angepreßten Gasschicht, wie dies z. B. aus Abb. 29, vorletztes Bild (s. unten) ersichtlich ist. Diese kühlt sich infolge der großen Berührungsfläche mit der Wand so stark ab, daß die sie ergreifende Verbrennung langsamer vor sich geht, als sie sich beim Fehlen der Abkühlung ausbreiten würde. Es mögen Fälle vorkommen, in denen die abgekühlten Gemischteilchen zunächst überhaupt nicht richtig zu brennen anfangen und erst dann fertig verbrennen, wenn sie nach einigen tausendstel Sekunden durch die Wirbelbewegung des Zylinderinhalts von der kühlen Wand fort mehr in das heiße Innere des Zylinders getragen worden sind[1].

Geschwindigkeit der Verbrennungsausbreitung. Von Interesse ist die Geschwindigkeit der Verbrennungsfortpflanzung (s. Abb. 28). Es ist in der Literatur schon öfters auf den Widerspruch hingewiesen worden, der darin besteht, daß man bei Bombenversuchen Geschwindigkeiten der Verbrennungsfortpflanzung von nur wenigen m/sek mißt, daß man dagegen am laufenden Motor dann, wenn man den gesamten von der Verbrennung zurückgelegten Weg (im Beispiel 0,088 m) durch die gesamte hierfür gebrauchte Zeit (im Beispiel 3 0,0060 sek) dividiert, Geschwindigkeiten von 12 bis 20 m/sek (in Beispiel 3 14,7 m/sek) erhält. Man sieht aus Abb. 28, daß die Geschwindigkeit w_l der auf Wärmeleitung beruhenden Verbrennungsfortpflanzung zu Beginn des Verbrennungsvorganges nur 6—9 m/sek betragen hat. Neumann (s. Fußnote S. 35) fand in der Versuchsbombe für Benzingemische des vorliegenden Benzingehalts, aber 40° Anfangstemperatur, etwa 1,3 m/sek. Die Differenz zwischen 6—9 und 1,3 m/sek erklärt sich wohl aus der größeren Verwirbelung und Vorwärmung bei der Verbrennung im Motor. Rechnet man nach den Regeln des Kap. 5, Ziff. b, überschlägig nach, wieviel

[1] Diese Ansicht über die schwere Verbrennbarkeit der dicht an den Wänden befindlichen Schicht deckt sich mit der von Ricardo (Schnellaufende Verbrennungsmaschinen, S. 89) geäußerten Meinung.

von dieser Erhöhung der Geschwindigkeit allein auf die im Motor im Vergleich zur Versuchsbombe größere Vorwärmung des Gemischs zurückzuführen ist, so findet man, daß die Vorwärmung allein die in

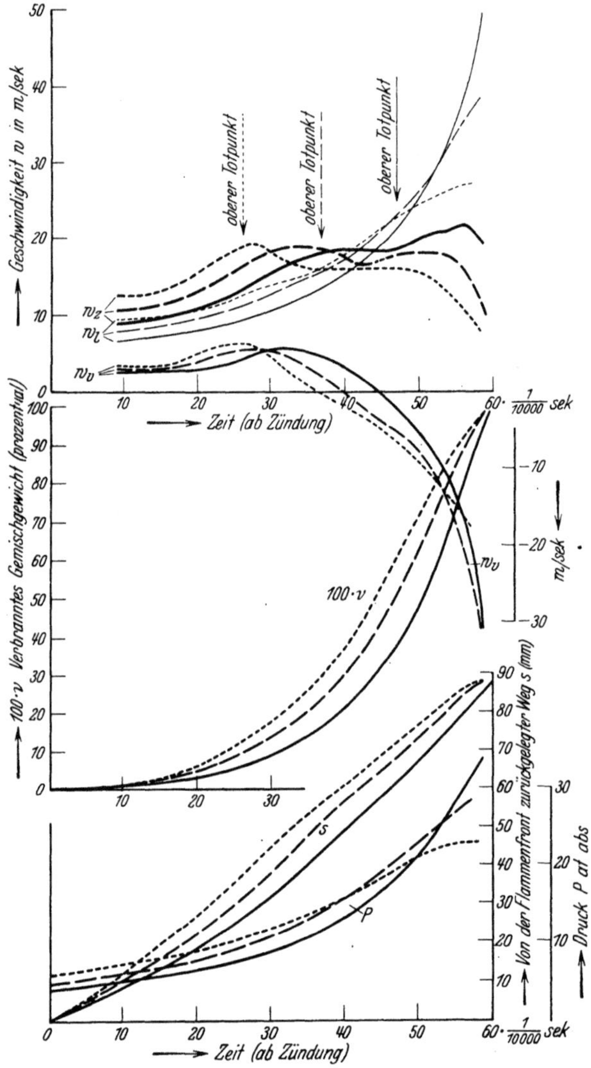

Abb. 28. Ergebnisse der Rechnung für
——— Beispiel 3, — — — Beispiel 4, - - - - - - - - Beispiel 5.

der Bombe 1,3 m/sek betragende Geschwindigkeit im Motor auf etwa 3 m/sek Geschwindigkeit gehoben hätte. Der weitere Sprung von 3 auf 6—9 m/sek wäre danach allein der stärkeren Verwirbelung zuzuschreiben. — Im Laufe der Verbrennung vergrößert sich dann w_l sehr erheblich, nämlich je nach dem Zündzeitpunkt bis auf etwa 27—50 m/sek;

das ist die Folge der zunehmenden Vorwärmung und Verdichtung der gerade zur Verbrennung gelangenden Teilchen, wie sie durch die Zusammenpressung des unverbrannten Gemischteils durch den verbrannten (Verdrängungserscheinung) zustande kommt.

w_l wird aber überlagert durch die Geschwindigkeit w_v, mit der die einzelnen Gemischteilchen eine räumliche Bewegung im Verbrennungsraum infolge der Verdrängungserscheinung ausführen. Man sieht, daß die Geschwindigkeit w_v zuerst positiv, dann negativ wird, d. h. diejenigen Partien des Gemischs, in denen sich die Flammenfront während des Durchlaufens des Verbrennungsraums gerade befindet, sind

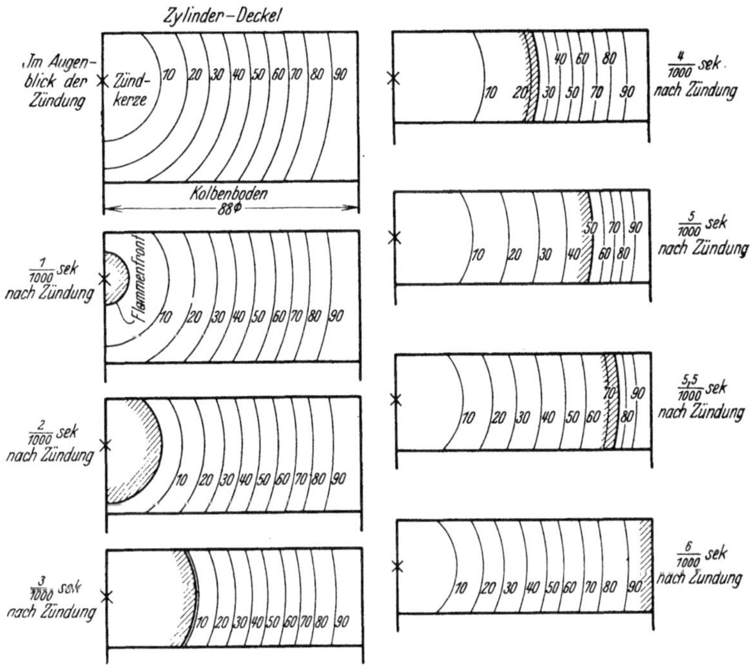

Abb. 29. Der Ablauf der Verbrennung. Längsschnitt durch den Verbrennungsraum zu verschiedenen Zeitpunkten. (Zu Beispiel 3.)

während der ersten Stadien der Verbrennung in einer Verschiebebewegung vorwärts, während der letzten in einer solchen rückwärts begriffen. Das ist nach den Ausführungen der Kap. 6 und 7 zu erwarten und namentlich aus Abb. 14 zu ersehen. Daß w_v dem Absolutwert nach in den letzten Stadien der Verbrennung ziemlich groß wird, rührt davon her, daß die Geschwindigkeit w_v um so größer ist, je rascher sich die Verbrennung infolge der Wärmeleitung ausbreitet [s. Gl. (58)].

Hinzuzufügen ist, daß die obenerwähnte Abkühlung der (etwa 20) letztverbrannten Gemischprozente die Geschwindigkeiten w_l und w_v in Wirklichkeit in diesem letzten Bereich kleiner werden läßt, als sie nach Abb. 28 erscheinen.

Aus w_l und w_v geht als deren Summe die zusammengesetzte Geschwindigkeit w_z hervor; sie ist nach dem in Kap. 7 Gesagten diejenige Geschwindigkeit, mit der die Flammenfront, d. h. die Trennungszone zwischen verbranntem und unverbranntem Gemischteil, sich tatsächlich durch den Verbrennungsraum fortbewegt. Dadurch, daß w_z sich aus zwei Summanden zusammensetzt, deren jeder mit dem Ablauf der Zeit den gekennzeichneten Verlauf nimmt, entsteht die aus Abb. 28 zu ersehende Kurve von w_z, deren mittlere Ordinate bei etwa 15 m/sek liegt, und zwar ziemlich gleich bei den drei Beispielen. Der Unterschied ist nur der, daß bei früher Zündung (45^0 vor oberem Totpunkt bei Beispiel 3) w_z anfangs etwa 10 m/sek und dann ansteigend gegen Schluß etwa 20 m/sek beträgt, während bei späterer Zündung (35 bzw. 25^0 vor oberem Totpunkt bei Beispiel 4 und 5) w_z dauernd mehr in der Nähe des mittleren Werts von etwa 15 m/sek liegt.

Der von der Flammenfront jeweils zurückgelegte Weg s_z ist in Abb. 28 unten eingetragen. s_z ist aus der Tabelle 3, 4 und 5 entnommen. Die s_z-Kurve ist eine Integralkurve der w_z-Kurve. — Der größeren Anschaulichkeit halber ist in Abb. 29 noch der Verbrennungsraum des Motors im Schnitt zu verschiedenen Zeitpunkten des Verbrennungsvorgangs abgebildet. Die Kreisbogen sind Schnitte durch Kugelschalen, die den Verbrennungsraum in 10 einzelne gleiche Gemischgewichte umfassende Teile zerlegen; d. h. die z. B. mit 70 bezeichnete Kugelschale ist diejenige Begrenzungsfläche, von der links im Verbrennungsraum 70 Gewichtsprozente liegen (vgl. auch S. 43). Man kann an der Verlagerung der Kugelschalen in den einzelnen Stadien des Verbrennungsvorgangs erkennen, wie infolge der Verdrängungserscheinung der unverbrannte Gemischteil immer mehr zusammengepreßt wird.

Ebenfalls ist in Abb. 28 die Größe ν als Funktion der Zeit eingetragen, d. h. welcher prozentuale Teil des Gemischs zu jedem Zeitpunkt bereits verbrannt ist oder, was damit gleichbedeutend ist, welcher prozentuale Teil der im ganzen erzeugten Verbrennungswärme zu dem Zeitpunkt frei geworden ist.

Temperaturen. Die während des Verbrennungsvorgangs an jedem Punkt des Verbrennungsraums zu jedem bestimmten Zeitpunkt herrschende Temperatur genau zu bestimmen, ist eine Aufgabe, die hier mit Rücksicht auf den großen erforderlichen Aufwand an thermodynamischen und mathematischen Betrachtungen beiseite gelassen werden soll. Nur speziell für den unverbrannten Gemischteil ist die jeweilige Temperatur T_b aus den Tabellen ersichtlich.

Dagegen läßt sich die Temperatur, die am Ende des Verbrennungsvorgangs als dessen Resultat an den einzelnen Punkten des Verbrennungsraums vorhanden ist, aus folgender Betrachtung[1] übersehen: Wir fassen zuerst das erste, unendlich klein gedachte Gemischteilchen vom Gewicht dG, das bei Einleitung der Verbrennung überhaupt ge-

[1] Hierbei soll einfachheitshalber das Volumen des Verbrennungsraums als konstant angenommen werden.

zündet wird, ins Auge. Sein Druck vor der Zündung sei P_1, seine Temperatur T_1. Durch die Zündung wird ihm eine bestimmte Wärmemenge dQ, die sich aus der Wärmetönung der Reaktion errechnen läßt, zugeführt, so daß seine Temperatur steigt[1]. Sein Druck steigt nicht merklich, weil es im Druckausgleich mit der übrigen Ladung steht; wenn ein unendlich kleines Teilchen zusammen mit einer endlichen Menge von Gas in ein Gefäß eingeschlossen ist und verbrannt wird, kann die von ihm entwickelte unendlich kleine Wärmemenge dQ keine merkliche Steigerung des Drucks des gesamten Gemischs hervorbringen. Wir haben es also mit Wärmezufuhr bei unveränderlichem Druck zu tun. Unmittelbar nach der Verbrennung haben wir einen Zustand P_2, T_2, welche Größen sich also errechnen aus:

$$P_2 = P_1$$
$$T_2 = T_1 + \frac{dQ}{dG} \cdot \frac{1}{c_p}\,.$$

Im Laufe der Verbrennung des übrigen Gemischs steigt der Druck im Verbrennungsraum und damit auch der des betrachteten Teilchens allmählich von P_2 auf einen am Ende der Verbrennung erreichten Wert von P_3. Durch adiabatische Verdichtung (siehe die Fußnote) steigt die Temperatur T_2 des betrachteten Teilchens also auf eine folgendermaßen zu berechnende Endtemperatur T_3:

$$\begin{aligned} T_3 &= T_2 \cdot \left(\frac{P_3}{P_2}\right)^{\frac{\varkappa-1}{\varkappa}} = \left(T_1 + \frac{dQ}{dG} \cdot \frac{1}{c_p}\right) \cdot \left(\frac{P_3}{P_2}\right)^{\frac{\varkappa-1}{\varkappa}} = \qquad (63) \\ &= \left(T_1 + \frac{dQ}{dG} \cdot \frac{1}{c_p}\right) \cdot \left(\frac{P_3}{P_1}\right)^{\frac{\varkappa-1}{\varkappa}} = T_1 \cdot \left(\frac{P_3}{P_1}\right)^{\frac{\varkappa-1}{\varkappa}} + \frac{dQ}{dG} \cdot \frac{1}{c_p} \cdot \left(\frac{P_3}{P_1}\right)^{\frac{\varkappa-1}{\varkappa}}. \end{aligned}$$

Wir betrachten nunmehr das letzte Teilchen, das beim ganzen Verbrennungsvorgang überhaupt verbrannt wird; auch dieses sei unendlich klein, sein Gewicht dG'. Dieses wird während der Zeit, in der das übrige Gemisch verbrennt, vom Anfangsdruck P_1' allmählich unverbrannt adiabatisch auf den Enddruck P_2' verdichtet; seine Temperatur T_2' ist daher im Augenblick, in dem die Flammenfront bis zu ihm vorgeschritten ist und es selbst zu brennen beginnt:

$$T_2' = T_1' \cdot \left(\frac{P_2'}{P_1'}\right)^{\frac{\varkappa-1}{\varkappa}},$$

wobei T_1' die Anfangstemperatur ist.

Wenn es nun verbrennt, so handelt es sich aus denselben Gründen, wie sie für das erste Teilchen gegolten haben, um eine Verbrennung bei konstantem Druck. Nach der Verbrennung weise das Teilchen, das die Wärmemenge dQ' aufnehme, die Temperatur T_3' und den Druck P_3' auf;

[1] Die Wärmeleitfähigkeit des Gemischs soll so gering sein, daß eine Ableitung der entstehenden Temperatur an die Umgebung nicht in Frage kommt.

es gilt dann unter Berücksichtigung dessen, daß infolge der Verbrennung bei konstantem Druck $P'_3 = P'_2$:

$$
\begin{aligned}
T'_3 &= T'_2 + \frac{dQ'}{dG'} \cdot \frac{1}{c_p} = T'_1 \cdot \left(\frac{P'_2}{P'_1}\right)^{\frac{\varkappa - 1}{\varkappa}} + \frac{dQ'}{dG'} \cdot \frac{1}{c_p} \\
&= T'_1 \cdot \left(\frac{P'_3}{P'_1}\right)^{\frac{\varkappa - 1}{\varkappa}} + \frac{dQ'}{dG'} \cdot \frac{1}{c_p}.
\end{aligned}
\tag{64}
$$

Nun ist vor Beginn der Verbrennung der Druck an jeder Stelle des Gemischs, also auch am ersten und am letzten Teilchen, gleich; daher:

$$P_1 = P'_1. \tag{65}$$

Ebenso ist nach vollendeter Verbrennung des ganzen Gemischs Druckausgleich vorhanden:

$$P_3 = P'_3. \tag{66}$$

Vor Beginn der Verbrennung herrscht weiterhin an jeder Stelle des Gemischs die nämliche Temperatur:

$$T_1 = T'_1. \tag{67}$$

Endlich ist für jedes beliebig betrachtete Teilchen die pro Gewichtseinheit entwickelte Wärmemenge dQ/dG dieselbe, wenn man eine allenfallsige (geringfügige) Abhängigkeit der Wärmetönung von Druck und Temperatur vernachlässigt. Daher gilt:

$$dQ/dG = dQ'/dG'. \tag{68}$$

Setzt man die Werte aus Gl. (65), (66), (67) und (68) in Gl. (64) ein, so erhält man:

$$T'_3 = T_1 \cdot \left(\frac{P_3}{P_1}\right)^{\frac{\varkappa - 1}{\varkappa}} + \frac{dQ}{dG} \cdot \frac{1}{c_p}. \tag{69}$$

Man erkennt, daß nach erfolgter Verbrennung des Gemischs die Endtemperatur T'_3 des letztverbrannten Gemischteilchens (Gl. 69) nicht dieselbe ist wie die des erstverbrannten T_3 (Gl. 63), sondern niederer; der Unterschied liegt im zweiten Summanden. Im vorliegenden Beispiel ergibt eine überschlägige Rechnung — eine genaue ist wegen der Veränderlichkeit von c_p und der Einwirkung der Dissoziation der Kohlensäure schwierig —, daß der Unterschied immerhin einige hundert Grad ausmacht.

Praktisch heißt das Ergebnis der Rechnung, daß die Verbrennungsendtemperaturen der Gemischteile in der Nähe der Zündkerze um einen erheblichen Betrag höher sind wie die der Gemischteile, die am weitesten von der Zündkerze entfernt liegen. Dieses Ergebnis wird bestätigt durch die Messungen Gibsons, der gefunden hat, daß die Kolbenbodentemperaturen an der Stelle unter der (seitlichen) Zündkerze am höchsten sind, und daß sie mit der Entfernung von der Zündkerze ziemlich stark abnehmen.

Diese Betrachtungen führen zu der Schlußfolgerung, daß es unmöglich ist, in einem Gefäß von konstantem endlichen Volumen ein brennbares

Gemisch derart zu verbrennen, daß jedes Teilchen eine Zustandsänderung bei konstantem Volumen durchläuft. Kein einziges Teilchen wird im Gegenteil bei konstantem Volumen verbrannt, wenigstens sofern man nicht alle Teile gleichzeitig zum Zünden bringt (was wohl kaum zu verwirklichen ist), und zwar infolge der Nachgiebigkeit des übrigen, gerade nicht verbrennenden Gemischvolumens.

11. Die Frage der Detonation des Benzin-Luft-Gemischs im Motor.

Die Detonation und ihre allgemeine Entstehungsursache. Gestalt des Verbrennungsraums und Möglichkeit gleichzeitiger Erwärmung des unverbrannten Gemischteils bis zur Zündtemperatur. Unbedeutender Einfluß der Wärmeableitungsverhältnisse. Einfluß der Größe ($\gamma - 1$). Schlußfolgerungen für die zweckmäßige Gestalt des Verbrennungsraums. Hohe Kompression und Detonationsgefahr.

Wie bekannt, spielt die Detonation, das sogenannte Klopfen des Motors, in der Automobiltechnik eine große Rolle, und namentlich seit der weiten Verbreitung gecrackter Benzine hat sich diese Erscheinung zeitweise geradezu zu einer Kalamität ausgewachsen. Die nachteiligen Folgen der Detonationsgefahr bestehen hauptsächlich darin, daß man, um das Klopfen zu vermeiden, die Motoren mit niederer Verdichtung laufen lassen muß; ist man aber hierzu gezwungen, so sinkt aus den bekannten thermodynamischen Gründen die Leistung und steigt der Benzinverbrauch.

In welcher Richtung die Ursache des Klopfens zu suchen ist, darüber kann heute, namentlich nach den Untersuchungen Ricardos, kaum mehr ein Zweifel bestehen; es ist sehr wahrscheinlich, daß die Detonation in einer gleichzeitigen Verbrennung großer Teile des jeweils noch unverbrannten Gemischteils besteht. Wenn man diese Erklärung für richtig hält, so entsteht aber die weitere Frage, wie es dazu kommen kann, daß große Teile des unverbrannten Gemischteils praktisch gleichzeitig so hoch erhitzt werden, daß sie sich gemeinsam entzünden.

Ricardos Ansicht darüber sei hier durch Abdruck des ersten Absatzes des Abschnitts II aus „Schnellaufende Verbrennungsmaschinen" wiedergegeben:

Der Vorgang der Detonation besteht anscheinend darin, daß im Zylinder eine Explosionswelle erregt wird. Der Vorgang tritt ein, wenn die Geschwindigkeit der Entflammung des zuerst entzündeten Teils der Gemischladung so groß ist, daß dieser Teil der Ladung infolge seiner Expansion den noch nicht entflammten Teil der Ladung über ein bestimmtes Maß hinaus vor sich her verdichtet. Wenn die Temperatursteigerung, die die Verdichtung des unverbrannten Gemischs durch den brennenden Teil der Ladung hervorruft, den Grad übersteigt, bei dem die Ladung ihre Wärme noch mit einer gewissen Sicherheit durch Leitung, Berührung usw. abgeben kann, dann entzündet sich der Rest der Ladung von selbst plötzlich und fast gleichzeitig in seiner ganzen Masse, so daß eine Explosionswelle entsteht, die hammerartig gegen die Zylinderwände schlägt und, rückkehrend, den zuerst entzündeten Teil der Ladung noch höher verdichtet. Dadurch steigt die Temperatur dieses Teils noch weiter und damit auch die Temperatur etwaiger benachbarter isolierter oder teilweise isolierter Teile in der Nähe, so daß hierdurch in kurzer Zeit Selbstentzündung auftritt. Hiernach scheint es ziemlich sicher, daß die Detonation vor allen Dingen von der Brenngeschwindigkeit des zuerst entzündeten Teils der Ladung abhängt, und man hätte daher zu entdecken, wovon in Wirklichkeit diese Geschwindigkeit abhängt.

Im folgenden soll untersucht werden, wie nach dem in der vorliegenden Arbeit gefundenen Ergebnissen es erklärt werden kann, daß der unverbrannte Gemischteil in gewissen Fällen beinahe gleichzeitig auf Zündtemperatur erhitzt wird. Dabei muß man natürlich von einer solchen Situation ausgehen, bei der nach der Erfahrung tatsächlich Detonation eintritt. Abgesehen von der Benzinsorte sind erfahrungsgemäß, wie das auch von Ricardo ausführlich behandelt wird, zwei konstruktive Eigenschaften eines Motors bestimmend für die Neigung zur Detonation, nämlich die Form des Verbrennungsraums und die Höhe der Verdichtung. Die folgenden Ausführungen sollen daher im besonderen versuchen, folgende zwei Fragen zu klären:

1. Warum sind gewisse Formen des Verbrennungsraums, und
2. warum ist hohe Kompression geeignet, während des Verbrennungsvorgangs im noch unverbrannten Teil des Gemischs so hohe Temperaturen entstehen zu lassen, daß dort Selbstzündung eintritt und damit die Ursache der Entstehung einer Detonation gegeben ist?

Wenn man zunächst den Einfluß der Gestalt des Verbrennungsraums verfolgt, so ist es, wenn man der Meinung Ricardos folgt, das Nächstliegende, die Wärmeableitungsverhältnisse zu untersuchen, wie sie für den unverbrannten Gemischteil bei den verschiedenen Gestalten des Verbrennungsraums gegeben sind. Gewiß ist hier eine genaue Berechnung nicht möglich; man kann aber immerhin ungefähre Vergleiche auf der Grundlage ziehen, daß man sich klarmacht, daß folgende Umstände nach den Gesetzen der Wärmeübertragung die Wärmeableitung vergrößern, also die Gefahr der Detonation verringern:

a) Steht für den Wärmeabfluß viel Zeit zur Verfügung, so wird dieser größer sein, als wenn wenig Zeit dafür vorhanden ist. Ricardo schreibt diesem Punkt eine besondere Bedeutung zu, indem die Raschheit der Verdichtung des unverbrannten Gemischteils seiner Ansicht nach einen Grund für ungenügende Ableitung der Verdichtungswärme bildet.

b) Große Wandflächen des Teils des Verbrennungsraums, in dem sich der unverbrannte Gemischteil befindet, begünstigen den Wärmeabfluß. Ist dieser von flacher und verwinkelter Gestalt, so wird mehr Wärme an die Wand abgegeben werden, wie wenn er von kompakter, mehr der Kugel sich nähernder Form ist.

c) Sind die den unverbrannten Gemischteil umgrenzenden Wandteile relativ kalt, so wird mehr Wärme abströmen, als wenn diese warm sind und wenn daher kein großes Temperaturgefälle entsteht. An das heiße Auspuffventil wird z. B. weniger Wärme abgegeben werden (wenn das überhaupt der Fall ist) als an den kühleren Kolben, an den Kolben wieder weniger als an den relativ kühlen Zylinderdeckel.

Der Verfasser hat unter diesen Gesichtspunkten einige Beispiele für verschiedene Verbrennungsräume nach ähnlichen Methoden, wie sie bei Beispiel 3—5 angewandt worden sind, durchgerechnet. Das Ergebnis ist aber, daß in dieser Richtung die Erklärung für größere oder kleinere Neigung zum Klopfen auf keinen Fall gesucht werden darf. Denn danach würden weitausgedehnte, flache und verzettelte Verbrennungsräume weniger Neigung zu Detonation aufweisen, wie mehr zusammengedrängte, geschlossene, während in Wirklichkeit genau das Gegenteil der Fall ist. Daß man zu diesem — offensichtlich unrichtigem — Resultat kommen mußte, ist schon angesichts des obigen Gesichtspunkts *b* erklärlich. Aber auch der Gesichtspunkt *a* führt in dieselbe Richtung: Denn bei sehr langgestreckten Verbrennungsräumen braucht die Verbrennung mehr Zeit zum Durchwandern des ganzen Raums als bei kürzeren, mehr geschlossenen, weil ein längerer Weg zurückzulegen ist. Allerdings ist bei länglichen Verbrennungsräumen auch die Geschwindigkeit w_z des Fortschreitens der Flammenfront größer, weil die Geschwindigkeit w_v der Verdrängungsbewegung größer ist. Jedoch ist quantitativ der Einfluß der vergrößerten Geschwindigkeit nicht so bedeutend wie der Einfluß des längeren Wegs, so daß bei länglichen Verbrennungsräumen die Dauer der Verbrennung größer wird. Daß auch Punkt *c* nicht ausschlaggebend sein kann, sieht man z. B. daraus, daß danach die Verbrennungsraumform Abb. 18 I a ausgesprochen ungünstig sein müßte, weil bei ihr der unverbrannte Gemischteil gegen den relativ heißen Kolbenboden gedrückt wird; in Wirklichkeit ist dieser Verbrennungsraum aber sogar besonders günstig.

Daraus geht hervor, daß der Einfluß der Punkte *a* bis *c*, der nach den Gesetzen der Wärmeleitung zwar gewiß vorhanden sein muß, in Wahrheit doch eben relativ geringfügig und jedenfalls nicht von entscheidender Bedeutung ist. Es muß vielmehr noch ein überlagernder anderer, viel stärkerer Einfluß vorhanden sein, von dem es abhängt, ob Detonation eintritt oder nicht.

Einen Fingerzeig, wo dieser zu suchen ist, gibt anscheinend eine Betrachtung der Abb. 18. Von den dort abgebildeten Verbrennungsraumformen (Blatt I, Buchstaben *a* bis *g*) weiß man nach Ricardos planmäßigen Versuchen, welche erfahrungsgemäß am wenigsten und welche am meisten zur Detonation neigt, und in welcher Reihenfolge die übrigen zwischen diese Extreme einzuordnen sind. Die Reihenfolge ist, wenn man mit dem günstigsten, am wenigsten zur Detonation neigenden anfängt, folgende: *a*, *b*, *c*, *f*, *d*, *g* (*e* s. später).

In Blatt II sind die zu den Verbrennungsräumen gehörigen γ-Kurven wiedergegeben. Rückt man den Koordinatennullpunkt um eine Einheit nach oben, so erhält man die $(\gamma - 1)$-Kurven (s. die linke Skala). Zwischen den $(\gamma - 1)$-Kurven und der Neigung der zugehörigen Verbrennungsräume zur Detonation besteht nun eine auffällige Beziehung: Je größer die Neigung eines Verbrennungsraums zur Detonation, eine um so größere Spitze im Anfangsstadium der Verbrennung zeigt die zugehörige $(\gamma - 1)$-Kurve. Ordnet man die $(\gamma - 1)$-Kurven nach der absoluten Höhe der vorkommenden Spitzen, und fängt man mit derjenigen Kurve an, die den kleinsten Maximalwert aufweist, so erhält man genau dieselbe Reihenfolge wie oben nach Ricardos Angaben gefunden, nämlich a, b, c[1], f[1], d, g.

Die physikalische Bedeutung der $(\gamma - 1)$-Kurven für den Ablauf der Verbrennung geht aus Gl. (58) hervor:

$$w_v = (\gamma - 1) \cdot w_l.$$

Die obige Beobachtung an den $(\gamma - 1)$-Kurven bedeutet also, daß solche Verbrennungsräume am meisten zur Detonation neigen, bei denen im ersten Stadium des Verbrennungsvorganges, etwa während der Verbrennung des ersten Drittels des Gemischs, die Geschwindigkeit w_v der Verdrängungsbewegung hoch ist, d. h. jener Verschiebungsbewegung der Teilchen, die durch die Ausdehnung des bereits verbrannten Teils und die Zusammendrückung des noch unverbrannten Teils entsteht.

Es ist die Frage, durch welchen physikalischen Zusammenhang es erklärt werden kann, daß eine hohe anfängliche Geschwindigkeit w_v eine starke Erwärmung des noch unverbrannten Gemischteils hervorbringt. Daß es sich hier nicht darum handeln kann, daß bei hohem w_v etwa die Zeit zur Abführung der Verdichtungswärme fehlen würde, wurde schon gezeigt. Der Verfasser kann sich keine andere Möglichkeit denken als folgende:

Die Geschwindigkeit w_v ist eine rein mechanische Geschwindigkeit (s. S. 48), die angibt, welcher Weg in der Zeiteinheit von bewegten Gasteilchen zurückgelegt wird (und zwar von der Flammenfront, d. h. jenen Gasteilchen, die jeweils gerade die Grenze zwischen verbranntem und unverbranntem Gemischteil bilden). Wenn die Flammenfront mit einer gewissen besonders hohen, rasch auftretenden Geschwindigkeit vorwärts in den Verbrennungsraum hineingeschoben wird, so werden im allgemeinen auch besonders hohe Beschleunigungen entstehen, und es haben dann die vor ihr liegenden Gasteilchen gewissermaßen nicht mehr genug Zeit auszuweichen. Es kommt vorübergehend zu einer Art Anstauung von Gasteilchen vor der Flammenfront, also einer lokalen Druckerhöhung. Eine lokale Druckerhöhung kann aber nicht bestehen bleiben; sie wandert vielmehr ab, und zwar mit Schallgeschwindigkeit in Gestalt einer Druckwelle. Diese wird zwar vielleicht noch nicht sofort nach ihrem Entstehen imstande sein, die Zündung des ganzen unverbrannten Gemischteils herbeizuführen, weil die von ihr erzeugte Verdichtungswärme möglicherweise nicht genügt, um das anfangs noch relativ weit von der Zündtemperatur entfernte unverbrannte Gemisch auf Zündtemperatur zu erwärmen. Anders aber in späteren Stadien der Verbrennung. In diesen nähert sich, wie wir gesehen haben, der unverbrannte Gemischteil infolge der bei seiner Zusammenpressung entstehenden Verdichtungswärme immer mehr der Zündtemperatur. Die Druckwelle ist aber sehr wahrscheinlich dann

---

[1] Die Spitzen bei c und f sind ungefähr gleich hoch; da jedoch c eine, f dagegen zwei derartige Spitzen hat, ist anzunehmen, daß f mehr zur Detonation neigt als c.

noch vorhanden, denn, wie man z. B. auf Dixons[1] Photographien sieht, laufen solche Druckwellen in engen geschlossenen Räumen öfters unter ständiger Reflexion an den Wänden hin und her, ohne allzu rasch an Energie einzubüßen. Unter diesen Umständen wird dann die durch die durchlaufende Verdichtungswelle entstehende Verdichtungswärme die Temperatur des unverbrannten Gemischteils über die Zündtemperatur hinaus steigern und damit die (praktisch) gleichzeitige Entzündung des ganzen noch unverbrannten Gemischteils, also die Detonation, auslösen.

Ganz abgesehen davon, ob diese Erklärung des Zusammenhangs zwischen Anfangsgeschwindigkeiten w_v und der Temperaturerhöhung des unverbrannten Teils richtig ist oder nicht, läßt sich auf jeden Fall auf Grund der $(\gamma - 1)$-Kurve von einem Verbrennungsraum voraussagen, wie weit er zur Detonation neigt, wenn man nicht den erwähnten Zusammenhang zwischen der $(\gamma - 1)$-Kurve und der Ricardoschen Stufenleiter der Güte der Verbrennungsräume für einen Zufall halten will. Danach ist es aber auch mit teilweise konstruktiv recht einfachen Mitteln möglich, einen Verbrennungsraum der bekannten Typen so umzugestalten, daß er weniger detonationsgefährlich wird. Wenn man z. B. beim Verbrennungsraum Abb. 18c den Kolben schief abschneidet und die Zündkerze am engen Ende des Verbrennungsraums anbringt, so müßte der erhaltene in Abb. 18e dargestellte Verbrennungsraum nach der zugehörigen $(\gamma - 1)$-Kurve wesentlich weniger detonationsgefährlich werden (Abb. 18, Blatt II, Kurve *e*) und sich beinahe so günstig verhalten wie ein Verbrennungsraum nach Abb. 18a. Eine Bestätigung dessen ist vielleicht im Kolben von Dumanois[2] zu sehen. Dieser Kolben ähnelt dem schief abgeschnittenen nach Abb. 18e, nur verläuft er in der Richtung von der Zündkerze weg abgetreppt statt eben abfallend. Er soll sich im Betrieb tatsächlich als detonationshindernd bewährt haben. Dumanois schreibt nach der genannten Veröffentlichung die Wirkung den plötzlichen Übergängen von einer Stufe auf die andere zu. Nach den Anschauungen, wie sie in der vorliegenden Arbeit vertreten werden, dürfte aber der erreichte Vorteil eher in der günstigeren $(\gamma - 1)$-Kurve zu suchen sein, und dann würde beim Ersatz der Abtreppung durch eine schiefe Ebene dasselbe erreicht werden. Damit soll natürlich das erfinderische Verdienst von Dumanois in keiner Weise geschmälert werden.

Zum Schluß sei noch behandelt, aus welchen Gründen die Höhe des Verdichtungsverhältnisses von so großem Einfluß auf die Neigung zur Detonation zu sein scheint, wie dies die praktische Erfahrung zeigt. Die nächstliegende Erklärung ist die, daß bei höherem Verdichtungsverhältnis auch die Verdichtungstemperatur steigt und deshalb der unverbrannte Gemischteil schon durch die Verdichtung durch den Kolben bis näher an die Zündtemperatur heran erwärmt wird. Jedoch hat Ricardo nachgewiesen, daß diese höhere Erwärmung zwar vorhanden, aber zahlenmäßig sehr geringfügig ist, so daß es kaum richtig

[1] Dixon: Über Explosionswellen. Ber. dtsch. chem. Ges. 1905, S. 2419.
[2] Autotechn. 1926, H. 14.

ist, wenn man den stark ausgesprochenen Einfluß des Verdichtungsverhältnisses auf die Neigung zur Detonation allein damit erklären will. Hält man sich an die oben behandelte Anschauung über die Entstehung der Detonation, so sieht man aber, daß ein höheres Verdichtungsverhältnis noch auf zwei anderen Wegen auf die für die Detonation maßgebenden Faktoren einwirkt. Ist bei höherer Verdichtung die Temperatur und der Druck des unverbrannten Gemischteils höher als bei niederer Verdichtung, so wird auch die Geschwindigkeit w_l der auf Wärmeleitung beruhenden Fortpflanzung der Verbrennung größer (s. Kap. 5, Ziff. b und c) und dann nach Gl. (58) auch die Geschwindigkeit w_v, also jene Geschwindigkeit, deren Höhe im Anfangstadium nach den obigen Ausführungen von besonderer Bedeutung für die Detonationsgefahr ist. Endlich ist bei höherem Verdichtungsverhältnis auch noch die spezifische Dichte des Gemischs höher als bei niedereren. Kommt es aber — wie es den oben dargelegten Anschauungen entspricht — im Beginn des Verbrennungsvorgangs zu erheblichen Beschleunigungen von Gasteilchen, so entstehen in einem dichteren Gas auch bei gleichen Beschleunigungen höhere Drücke wie in einem weniger dichten, so daß eine allenfalls entstehende Druckwelle eine vergrößerte Energie enthält. — Jede dieser drei bei höherer Verdichtung gleichzeitig auftretenden Erscheinungen, nämlich höhere Temperatur des Gemischs, höhere Geschwindigkeit w_v und größere Dichte, begünstigt also die Entstehung der Detonation, und durch dieses Zusammenwirken ist es wohl zu erklären, daß höhere Verdichtung in so ausgesprochener Weise die Gefahr der Detonation steigert.

Druck von C. G. Röder G. m. b. H., Leipzig.

Schnellaufende Verbrennungsmaschinen. Von **Harry R. Ricardo.** Übersetzt und bearbeitet von Dr. **A. Werner** und Diplom-Ingenieur **P. Friedmann.** Mit 280 Textabbildungen. VIII, 374 Seiten. 1926. Gebunden RM 30.—

Der Glühkopfmotor in Schiffahrt, Industrie und Landwirtschaft. Von Oberingenieur **Siegbert Welsch.** Mit 85 Abbildungen im Text und 24 Tabellen. VI, 120 Seiten. 1925. RM 7.20

Technische Wärmelehre der Gase und Dämpfe. Eine Einführung für Ingenieure und Studierende. Von Dipl.-Ing. **Franz Seufert,** Ober-Ing. für Wärmewirtschaft. Dritte, verbesserte Auflage. Mit 26 Textabbildungen und 5 Zahlentafeln. IV, 84 Seiten. 1923. RM 1.80

Verbrennungslehre und Feuerungstechnik. Von Dipl.-Ing. **Franz Seufert,** Ober-Ing. für Wärmewirtschaft. Zweite, verbesserte Auflage. Mit 19 Abbildungen, 15 Zahlentafeln und vielen Berechnungsbeispielen. IV, 128 Seiten. 1923. RM 2.60

Die Gaserzeuger. Handbuch der Gaserei mit und ohne Nebenproduktengewinnung. Von Direktor Dipl.-Ing. **H. R. Trenkler.** Mit 155 Abbildungen im Text und 75 Zahlentafeln. VIII, 378 Seiten. 1923. Gebunden RM 14.—

Die Wärmeübertragung. Ein Lehr- und Nachschlagebuch für den praktischen Gebrauch von Prof. Dipl.-Ing. **M. ten Bosch,** Zürich. Zweite, stark erweiterte Auflage. Mit 169 Textabbildungen, 69 Zahlentafeln und 53 Anwendungsbeispielen. VIII, 304 Seiten. 1927. Gebunden RM 22.50

Der Wärmeübergang und die thermodynamische Berechnung der Leistung bei Verpuffungs-Maschinen, insbesondere bei Kraftfahrzeugmotoren. Von Dr.-Ing. **August Herzfeld.** Mit 27 Textabbildungen. VIII, 92 Seiten. 1925. RM 6.—

Die Automobiltreibmittel des In- und Auslandes. Eine Übersicht über die vorgeschlagenen Mischungs- und Herstellungsverfahren, an Hand der Patentliteratur dargestellt von Dr. **Erwin Sedlaczek,** Oberregierungsrat. IX, 247 Seiten. 1927. Gebunden RM 14.40

Die Treibmittel der Kraftfahrzeuge. Von **Ed. Donath** und **A. Gröger,** Professoren an der Deutschen Franz-Joseph-Technischen Hochschule in Brünn. Mit 7 Textfiguren. V, 171 Seiten. 1917. RM 6.60

Brennstoff und Verbrennung. Von Dr. **D. Aufhäuser,** Inhaber der Thermochemischen Versuchsanstalt zu Hamburg.
I. Teil: Brennstoff. Mit 16 Abbildungen im Text und zahlreichen Tabellen. V, 116 Seiten. 1926. RM 4.20
II. Teil: Verbrennung. Mit 13 Abbildungen im Text. IV, 107 Seiten. 1928. RM 4.20
Beide Bände zusammen gebunden RM 10.—

Handbuch der Feuerungstechnik und des Dampfkesselbetriebes unter besonderer Berücksichtigung der Wärmewirtschaft. Von Dr.-Ing. **Georg Herberg,** Stuttgart. Vierte, erweiterte Auflage. Mit 84 Textabbildungen, 118 Zahlentafeln sowie 54 Rechnungsbeispielen. XII, 447 Seiten. 1928. Gebunden RM 23.50

Das Entwerfen und Berechnen der Verbrennungskraftmaschinen und Kraftgas-Anlagen. Von Maschinenbaudirektor Dr.-Ing. e. h. **Hugo Güldner,** Aschaffenburg. Dritte, neubearbeitete und bedeutend erweiterte Auflage. Mit 1282 Textfiguren, 35 Konstruktionstafeln und 200 Zahlentafeln. XX, 789 Seiten. Dritter, unveränderter Neudruck 1922. Gebunden RM 42.—

Öl- und Gasmaschinen (Ortfeste und Schiffsmaschinen). Ein Handbuch für Konstrukteure, ein Lehrbuch für Studierende von Prof. **H. Dubbel,** Ingenieur. Mit 519 Textabbildungen. VI, 446 Seiten. 1926. Gebunden RM 37.50

Skizzen von Gas- und Ölmaschinen. Zusammengestellt von Prof. **R. Schöttler †,** Braunschweig. (Aus Schöttler, „Die Gasmaschine", fünfte Auflage, und anderen Werken.) Vierte, neubearbeitete Auflage. 44 Seiten. 1924. RM 2.70

Bau und Berechnung der Verbrennungskraftmaschinen. Eine Einführung von Dipl.-Ing. **Franz Seufert,** Obering. für Wärmewirtschaft. Fünfte, verbesserte Auflage. Mit 106 Abbildungen im Text und auf 3 Tafeln. V, 138 Seiten. 1927. RM 4.—

Dampf- und Gasturbinen. Mit einem Anhang über die Aussichten der Wärmekraftmaschinen. Von Prof. Dr. phil. Dr.-Ing. **A. Stodola,** Zürich. Sechste Auflage. Unveränderter Abdruck der V. Auflage mit einem Nachtrag nebst Entropie-Tafel für hohe Drücke und B^1T-Tafel zur Ermittelung des Rauminhaltes. Mit 1138 Textabbildungen und 13 Tafeln. XIII, 1109 und 32 Seiten. 1924. Gebunden RM 50.—

Nachtrag zur fünften Auflage von Stodolas Dampf- und Gasturbinen nebst Entropie-Tafel für hohe Drücke und B^1T-Tafel zur Ermittelung des Rauminhaltes. Mit 37 Abbildungen und 2 Tafeln. 32 Seiten. 1924. RM 3.—

Dieser der 6. Auflage angefügte Nachtrag ist auch als Sonderausgabe einzeln zu beziehen, um den Besitzern der 5. Auflage des Hauptwerkes die Möglichkeit einer Ergänzung auf den Stand der 6. Auflage zu bieten.

GPSR Compliance

The European Union's (EU) General Product Safety Regulation (GPSR) is a set of rules that requires consumer products to be safe and our obligations to ensure this.

If you have any concerns about our products, you can contact us on ProductSafety@springernature.com

In case Publisher is established outside the EU, the EU authorized representative is:

Springer Nature Customer Service Center GmbH
Europaplatz 3
69115 Heidelberg, Germany

Batch number: 10683525

Printed by Printforce, the Netherlands